新农村基础设施设计与施工

马虎臣　马振州　编著

金盾出版社

内 容 提 要

本书全面、系统地介绍了新农村道路、管道、水窖、沼气、太阳能、家庭取暖以及村庄绿化等基础设施的设计规划与施工。并且针对农村的实际和工匠们的技能及施工条件，突出了“内容新”、“讲解明”、“易领会”、“能操作”的特点，具有鲜明的时代特征和很强的可操作性。

本书可作为从事村镇建设的管理者、设计者，以及从事农村建筑施工技术人员的技术参考用书，也可作为职业学校的培训教材。

图书在版编目(CIP)数据

新农村基础设施设计与施工/马虎臣，马振州编著．-- 北京：金盾出版社，2011.6

ISBN 978-7-5082-6955-9

Ⅰ．①新…　Ⅱ．①马…②马　Ⅲ．①农村—基础设施建设—中国　Ⅳ．①TU26

中国版本图书馆 CIP 数据核字(2011)第 054279 号

金盾出版社出版、总发行

北京太平路 5 号(地铁万寿路站往南)

邮政编码：100036　电话：68214039　83219215

传真：68276683　网址：www.jdcbs.cn

封面印刷：北京凌奇印刷有限责任公司

正文印刷：北京军迪印刷有限责任公司

装订：北京军迪印刷有限责任公司

各地新华书店经销

开本：850×1168 1/32　印张：7.625　字数：190 千字

2011 年 6 月第 1 版第 1 次印刷

印数：1～8 000 册　定价：15.00 元

前言

新农村基础设施是为新农村社会生产和农民生活提供公共服务的物质基础，是用于保证农村地区社会经济活动正常进行的公共服务体系。它是乡村居民赖以生存发展的物质条件。

“要致富，先修路”，是农村人的经典总结。农村公路不仅是农村主要的出行通道，也是农民脱贫致富奔小康的金光大道。

沼气是清洁能源，具有广泛的综合效应和不可替代的作用。沼气建设是惠及广大农民的民心工程。

水，是生命之源，是经济社会发展的命脉。在西北地区，孩子们上学只能噙一口水洗脸，做饭是一瓢浑水，多年来的盼水梦自从中国妇女发展基金会提出实施“大地之爱，母亲水窖”工程得以实现，因此他们说，“母亲水窖装的是母亲的乳汁，打出来的是一个边远山庄未来的梦”。

由此可见，基础设施建设是改善农村生产生活条件、塑造农村新风貌的关键一环。因此，必须从农村实际出发，根据构建资源节约型和环境友好型社会的要求，按照建设社会主义新农村的总体部署，规划引导新农村基础设施建设，充分利用已有条件，整合各方资源，改变农村的落后面貌。

为了加快新农村基础设施建设的步伐，保障新农村基础设施的施工质量，使千百万农民奔小康，我们在总结各地的基础设施建设的基础上，编著《新农村基础设施设计与施工》一书，旨在为新农村建设贡献一份力量。

本书共分六章，从新农村道路到给排水管道施工；从水窖修建，厕所改造，到沼气、太阳能的应用；从做饭取暖，到家用电器的安装等，均以简明的语言、寓意的插图、开门见山的写作手法，对各类基础设施的设计与施工作了详细介绍。

由于编者的知识水平有限，书中难免有不妥之处，恳请读者提出宝贵意见。

作　者

目　录

第一章　新农村道路规划设计与施工

加快农村交通基础设施建设，不仅可以打破农村地区的自然封闭状态，有效地促进农村的资源开发，使广大农村蕴藏的土地、矿产、森林、水电以及旅游等资源潜力转变为现实生产力，而且还可以畅通与扩大农村的信息和商品流通渠道，使农村的自然物产和农副产品进入流通领域，从而增加农民收入，提高农民生活水平。“要想富，先修路”是对农村发展的精辟总结。

第一节　新农村的道路规划

一、道路规划

（一）农村道路功能

根据农村实际，村内道路按其使用功能划分三个层次：主要道路、次要道路、宅间路。

1. 主要道路

主要道路是村庄内各条道路与村内入口连接起来的交通设施，它以车辆交通功能为主，同时兼顾村民步行，服务村民人际交流。

2. 次要道路

次要道路是村内各区域与主要道路相连接的道路，承担着步行和村民人际交往，以及小型农用车辆的通行功能。

3. 宅间道路

宅间道路是农村住宅房前屋后的通道，它与次要道路相连，均以步行和村民人际交往功能为主。

(二)农村道路的技术指标

1. 主要道路指标

农村道路比城市道路的交通通行更为复杂。因为农村道路上,不但有卡车、轿车、小面包车、拖拉机、摩托车等机动车通行,还有大量的自行车、电动车、人力车以及农忙时的各种农业机械的通行。在这种混杂的局面下,就要针对当地的情况,灵活掌握道路的规划指标。

农村主要道路的指标是:路面宽度 5m,一般不超过 6m,2 车道设置。这样可为农户和车辆提供一长停车带,并使一般的通行车辆和救护车、消防车等紧急车辆的行车不致受到阻碍。路肩的宽度 0.75m,单边人行道宽度应小于 1.5m。

2. 次要道路指标

农村次要道路的指标是:路面宽度 3m,一般不超过 4m,1 车道设置,路肩和植树宽度约 1m,单边人行道约 1m。这样的道路,可以方便农用车和现代交通工具的通行。

3. 宅间道路指标

宅间道路是农户出入的主要通道,由于农用车辆和现代交通工具不断进入农家,所以宅前道路的宽度一般不小于 3m,而屋后的道路一般为 2m。宅前道路不设路肩。这样,一方面可以防御火灾的蔓延,还可为地震时的逃生提供有利条件。

(三)村路规划的原则

1. 因势选线,生态优先

在规划村内道路时,要结合村内的自然地形和地质条件合理选定线路。因为自然地形对道路的走向、线型、宽度和断面影响较大。按人行和车行要求,线型应比较平顺,但在地形复杂的山区和丘陵区,则受到条件限制,应结合现有条件因势筑路,灵活规划。

在规划村路时,要充分体现以人为本。道路是为人服务的,所以规划道路首先就要把道路的规划与生态规划结合起来,运用生态学原理，使道路、地形和房屋与道旁绿化有机联系在一起，这样不仅改善了生态环境，调节了气候，增加了湿度、降低了噪声，而且还可形成绿荫覆盖、生机盎然的靓丽景观。

同时要结合村内实际，把自然特色的湖泊、山头、亭、桥等古代建筑等贯通起来，在不妨碍道路功能的情况下形成统一整体，使村内面貌更加丰富多彩、富有个性。

2. 等级有序，有机畅通

在明确规划主、次道路和宅间道路后，则要综合考虑道路的平面线形，纵断面线形，横断面组合，道路交叉口，使之有机结合，协调布局，满足村内车辆通行和行人安全通过。

农村道路的车辆较少，所以不要单一地强调路线笔直，遇到有千年古树等具有历史保护价值的物体则要迂回而过。临水道路应结合岸线规划巧妙布置。山区则应依其竖向变化而变化。

3. 保障功能，兼顾其他

在保障道路的交通功能外，还要考虑道路两侧各类管线的埋设、排水沟的砌筑等。在农村的道路两侧，一般都是排水沟渠，这样，设计道路纵坡时，除满足行车的要求外，还要符合农村排水的现状，所以村内道路的标高应低于两侧街坊地面的标高，以利汇集排除地面水和家庭污水。

4. 远近结合，弹性规划

农村经济的发展必将带动农村面貌的改变。所以，要根据农村的客观实际，以"规划布局合理、配套设施齐全、方便生活出行、环境优美安静"为目标，实事求是地确定村内道路的发展目标、发展规模和发展方向，合理布局，使村内道路建设具有可持续发展的弹性规划。

5. 科学规划，避免交叉

在部分农村的道路建设中，可能会与乡镇道路、国家公路相交汇，在这种情况下，则应按下面要求进行布局：

(1)把过境公路引至农村外围，以切线的布置方式通过农村边缘。这是改造原有新农村道路与过境公路的矛盾经常采用的一种有效方法。

(2)将过境公路迁离村落，与村落保持一定的距离，公路与农村的联系采用引进入村道路的方法布置。

(3)当农村汇集多条过境公路时，可将各过境公路的汇集点从村区移往农村边缘，采用过境公路绕过农村边缘，组成农村外环道路的布置方式。

(4)过境公路从农村功能分区之间通过，与农村不直接接触，只是在一定的入口处与农村道路相连接。

二、道路交叉口与出入口设计

道路交叉口，是农村道路的重要组成部分，也是道路的交通咽喉，是影响车辆通行和行人通行的屏障。一般来说，农村中主要道路交叉口往往也是村中最繁华的地段。在这个地段中，早上摆摊做买卖的，村民上街买东西的，车辆随意停放等现象较为混乱。所以设计好村内道路的交叉口是道路设计的主要任务。交叉口规划设计的基本要求是：

(1)村内主要道路的交叉口周围建筑应有适当的后退红线，一方面使交叉口路面比较宽广，另外也保证了视距三角形内的通视要求。

(2)要适量放宽交叉口的人行道，一般应为路段人行道宽度的2倍。

(3)特别应对处于水运农村的T形、Y形的交叉路口，在设计时采取变线的方式来缓解交叉路口的压力。如在T字形的交叉口，在垂直于纵横的交叉点处设置三角岛，把T形处的垂点向外延伸；在Y字形的三角处设交易场地，这样既方便了人行、车辆通行，又不影响村民的交易。

(4)对于其他的交叉口，如果没有早上集市的，为了改变路口的呆板状况，可以在路口的中心设一雕塑。这种设置既能美化村路环境,又可形成中心岛,改善通行功能。

(5)次要道路与主要道路相交的路口,是村民、学生、儿童出入时的主要路口,从安全角度考虑,路口不要设计成直角,而应为圆弧形的角。

(6)各交叉路口处的人行道与路面相交处,不论是硬化的人行道,还是非硬化的人行道,均要设计成斜坡式与路面平接,便于老年人通行或自行车、摩托车及电动车通行。

(7)对于山区的农村道路交叉口,其坡度应缓。对于地下水位较高而排水又不通畅的交叉口,则应保证雨后不积水,排水通畅。

(8)在农村中,人流出入道路比较集中的主要有学校、商店等,对于这类的出入口,设计时应将人行道的宽度适当加宽,道面上应布防人行道线,以保证横过道路人们的安全,并在距学校的道路两边布置相应的交通标志。

第二节　路基的设计

道路路基的设计,是对满足道路功能而修建的道路基础设计,包括土工构筑物的安排、填筑材料的选择,工程程序和处理方案的规定等。

农村的道路,虽然车辆通行量不是很大,但是超载现象却很普遍。如有的村内购大型货车的特别多,装载可达 90～100 吨。另外,村内建房的也比较多,拉运石料和建筑材料的也大多超载运行,所以对路基的设计也要特别重视。

一、路基的要求

路基是位于路面下方的结构层,它如地基一样承受着路面传来的压力,但这种压力却是不确定的,并且是局部的。

(一)路基的设计要求

道路是为村民们服务的,是一种公共性的市政设施。道路的修建大部分也是村民集资修建的，所以，为了保证道路在一定的使用年限不受破坏，路基应符合如下要求：

(1)村内道路的路基横断面形式及尺寸应符合国家相关的标准要求。也就是要符合国家的《公路工程技术标准》的规定。

(2)具有足够的整体稳定性。保证路基有足够的整体稳定性，就是通过技术措施，防止路基结构在行车荷载及自然因素作用下，杜绝发生不允许的变形和破坏。

(3)具有足够的强度。所谓路基强度，就是指在行车荷载情况下，路基能抵抗变形与破坏的能力。这种强度，就是通过设计手段，采用路基地质相应的材料和施压方法，保证路基填筑坚实。

(4)具有足够的水温稳定性。路基在地下水和温度的影响下，其强度会显著降低。特别是在严寒的冬期，路基会产生周期性的结冻和融化两个性质完全不同的作用，对路基强度产生巨大影响。所以设计时就要充分考虑稳定水温的措施。

(二)路基断面形式

农村道路的地形是千变万化的，筑路时就形成了路堤和路堑两种基本断面结构形式。

1. 路堤

在道路的规划中，规划的路面可能要比实际地形高，这样就要用回填的方式将路基抬高，这种填筑的路基就称为路堤，如图1-1所示。

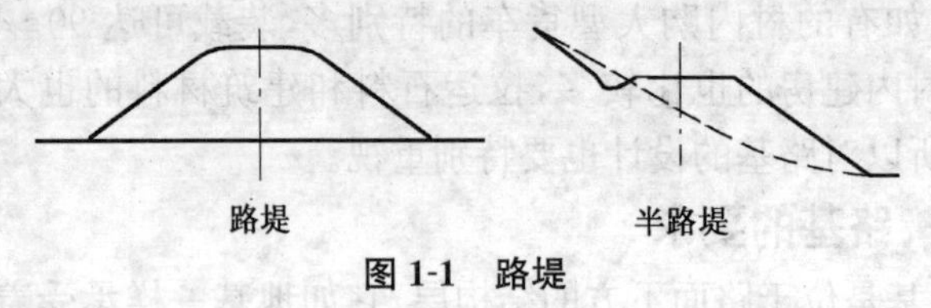

图 1-1　路堤

2. 路堑

当规划设计的路基面低于天然的地面标高时，是以开挖土方的方式形成的路基，就是路堑，如图 1-2 所示。

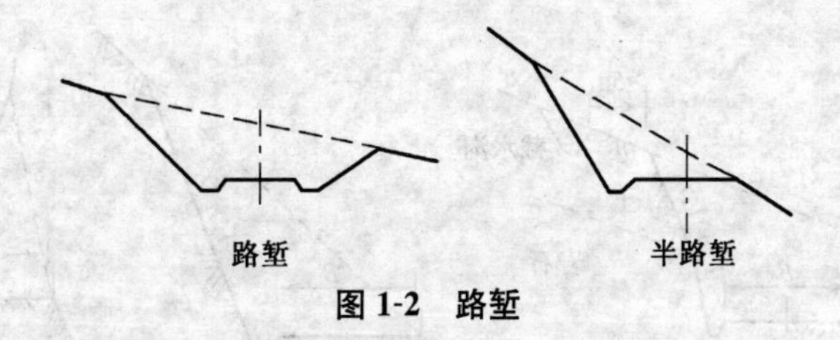

图 1-2　路堑

3. 路堤和路堑的断面形式

在施工时，只要有了路堤和路堑的断面形式，就能进行填筑或挖除作业。路堤的断面形式如图 1-3 所示；路堑的断面形式如图 1-4 所示。

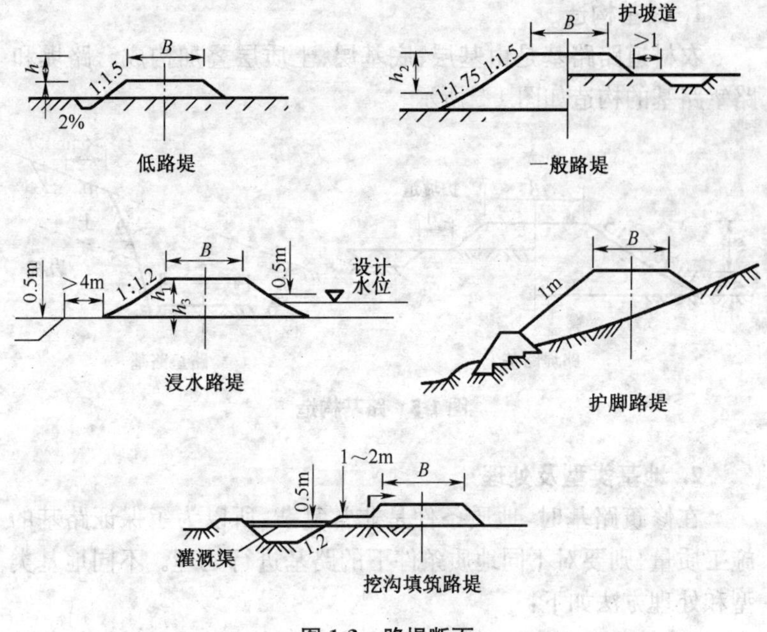

图 1-3　路堤断面

在平原地区的农村，路基是采取不挖不填的方式，而在山区，通常是采用半挖半填的路基断面形式。这两种不同的路基断面形式有着不同的排水和挡土边坡设施。

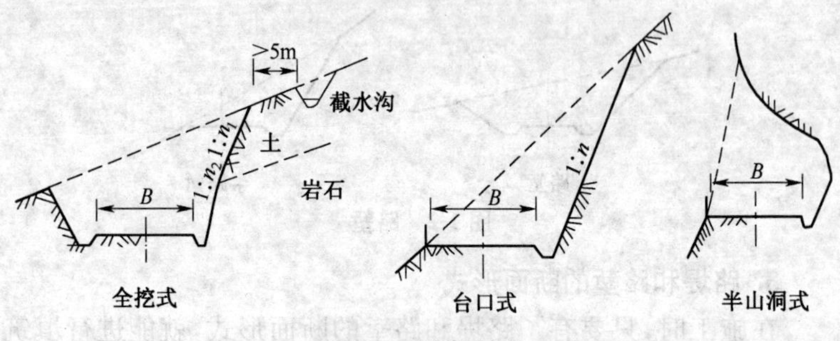

图 1-4　路堑断面

二、路基的基本构造及处理

1. 路基构造

农村道路路基是由基层、底基层、土质层叠加构成。路堤和路堑路基的构造如图 1-5 所示。

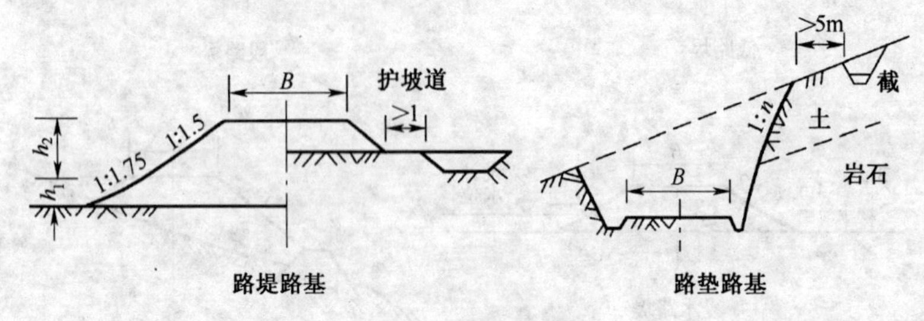

图 1-5　路基构造

2. 地基类型及处理

在修筑路基时，地质条件是非常复杂，所以为了保证路基的施工质量，则要对不同地质条件下的路基进行处理。不同地基类型和处理方法如下：

(1)如果遇到地基的地质土中含水量较大，强度低的软土地基时，则应用灰土挤密桩法进行处理。

(2)遇水加载后明显产生沉陷的湿陷性黄土地基时，则可用压密注浆法或灰土挤密桩法处理。

(3)路基土质是吸水膨胀、失水收缩的膨胀土地基时,则应用灰土置换法、灰土桩或生石灰桩处理。

(4)遇到是卵石、砾石或块石地基,在动荷载作用下,易产生不均匀沉降的,则应用渗透注浆法进行处理。

(5)在修筑路基时,如遇到枯井、古墓时,则应在探清井、或墓的深度和土质后,分别用三合土进行分层回填夯实,直到路基面平。

第三节 路基的放线与施工

路基施工,主要有人工施工法、简易机械施工法和机械化施工法等。在农村道路的施工中,一般是采用人工和简易机械施工的较多。但是在经济比较发达的农村,也有全部使用机械化施工的。

一、测量放线

在道路修筑中,测量放线就是把设计文件上的主要特征点移到地面上。

(一)固定桩点

在道路路基开工前,要对施工的道路路线进行量测和放出线路进行定位。也就是根据设计图纸的要求,将道路边线、转点、曲线及缓和曲线的起终点、中间点、直线上的整桩和分桩、水准点等在地面上用木桩定下来。桩点固定法有延长切线法和交汇法,如图 1-6 所示。此法中的交汇法适用于所需固定的一切桩点。

(二)路基边桩的放样

路基放样的目的,就是在原地面上标定出路基边缘、路堤坡脚及路堑堑顶、边沟护坡道等,并根据横断面设计的具体尺寸,标定中线桩的填挖高度,将横断面上的各主要特征点的位置在实地上标定出来,以构成路基轮廓作为填挖的依据。

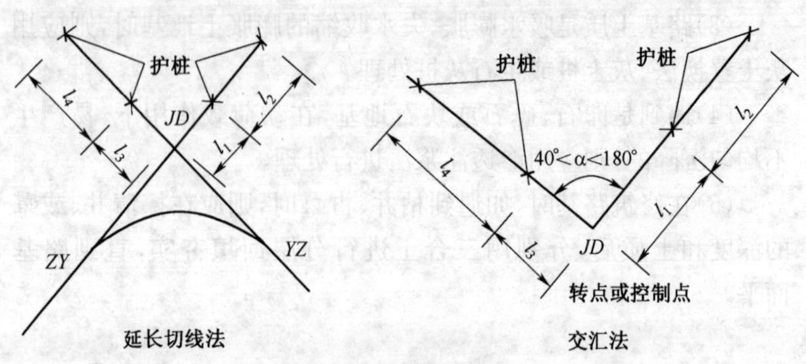

图 1-6　桩点固定法

(1)图解法。这种方法可称为“比葫芦画瓢”法，如图 1-7 所示。根据设计图上的坡脚点 A 或坡顶点 B，与中间桩水平距离可以从横断面图上按比例量出，然后在地面上用钢卷尺或皮尺沿横断面量出 A 点或 B 点距中间桩的水平距离，即可定出边桩的位置。

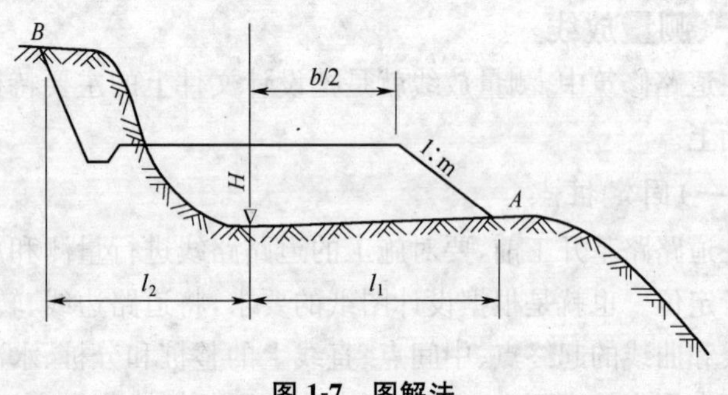

图 1-7　图解法

在量测 A 点、B 点到中间桩的距离时，一定要把尺子拉平拉直，如果横坡较大时，也可分段量测，在量得的点处钉上坡脚桩。每个横断面放出边坡后，再分别将中线两侧的路基坡脚或路堑的坡顶用灰线连接，即为路基的填挖边界。

(2)渐近法。这种方法是在分段量测水平距离的同时，用水准仪、经纬仪或其他方法，测出该段地面两点的高程差，最后累计得出边桩点与中间桩点的高程差，再用计算结果来验证其水平距离是否正确，如果与设计不符时，就逐渐移动边桩，直到正确位置时为止。

(三)路基边坡的放样

有了边桩，还需要在实地把路基的边坡坡度固定下来，以便使填挖的边坡坡度符合要求。

路基边坡放样常用下边两种方法：

(1)挂线法。它是利用线绳固定于木桩后形成路基轮廓线。当路堤高度较高时，可挂分层线，在每层挂线前，应依标定中线用水准仪抄平，如图 1-8 所示。

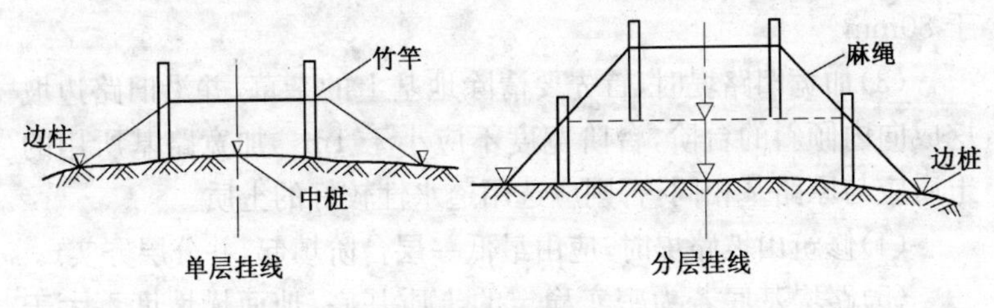

图 1-8　挂线法

(2)样板法。顾名思义就是按照设计图，预先作出路基式样的样板，用样板“比葫芦画瓢”进行放样。在做样板时，首先按照边坡坡度作出边坡样板，样板的式样有活动的边坡样板和固定的样板，如图 1-9 所示。

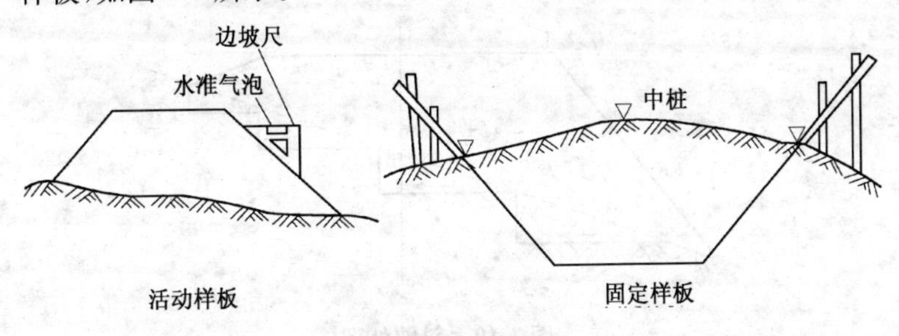

图 1-9　样板法

二、路基的施工

(一)土质路堤的施工

1. 填土路堤施工基本要求

(1)填筑路堤时,应根据当地资源采用碎石、卵石、粗砂等透水性好的砂石材料,或采用透水不良或不透水的土质材料填筑路堤。采用透水性良好的材料填筑时,含水量则不受限制;如采用透水性不良的材料时,则应保证含水量不得大于8%。

(2)路堤基底原状土的强度不符合要求时,应进行换填,换填深度,应不小于0.3m,并予以分层压实。每层虚铺填料的厚度为0.5m,填筑至路床顶面最后一层的最小压实厚度,不应小于80mm。

(3)加宽旧路堤时,首先要清除地基上的杂草,并沿旧路边坡挖成向内倾斜的台阶,台阶宽度不应小于1m。加宽路基所用的土质应与原路基相同,否则应选用透水性较好的土质。

(4)修筑山坡路堤时,应由最低一层台阶填起,并分层夯实。

(5)路堤基底若为密实稳定的土质基底,地面横坡度不大于1∶10,且路堤高度超高0.5m时,基底可不处理;路堤高度低于0.5m的地段,或地面横坡为1∶10～1∶5时,只将原地面上的杂物清除。当地面横坡度大于1∶5时,还应将原地面挖成宽度不小于1m、高度为0.2～0.3m的台阶,台阶顶面做成向内倾斜2%～4%的斜坡,如图1-10所示。

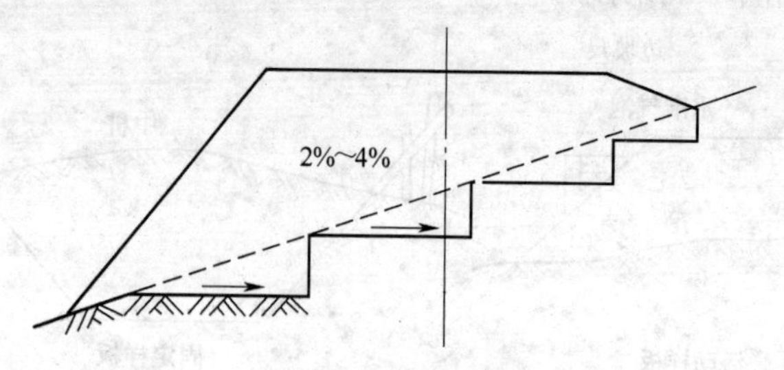

图1-10　斜坡处理

2. 土质路堤的填筑

对路堤的填筑应采用分层填筑法。分层填筑时可分水平分层和纵向分层两种。

水平分层填筑时，是按横断面全宽分成水平层次，逐层向上，如果原地面不平时，应由最低处分层填起，每填一层压实后方能填下一层。

原地面纵坡大于12%的地段则采用纵向分层填筑。它是沿纵坡分层，逐层填筑压实。

如果地面横坡大于1∶5时，在原地面应挖成宽度不小于1m的台阶，并用小型夯实机加以夯实。填筑应由最低一层台阶填起，并分层夯实，然后逐台向上填筑，分层夯实，所有台阶填完之后，即可按一般填土方法进行。

3. 填石路堤的填筑

当路基用石料填筑时，应按石料性质、块体大小、填筑高度、边坡坡度等综合考虑，并应逐层水平填筑而不需夯压。

当用风化石填筑路堤时，石块应摆平放稳，石与石之间的空隙用小石块或石屑灌实。

当石料为不易风化、粒径在0.25m以下的石块填筑时，应分层铺填；粒径在0.25m以上的，大致分层铺填，尽量做到靠紧密实，上下层石块应错缝搭压。

(二)挖土路堑施工

对路堑施工前首先应处理好排水。路堑施工的主要方式有横挖法、纵挖法和混合开挖式。

1. 横挖法

横挖法是指按路堑的整个横断面从其两端或一端进行挖掘的方法，如图1-11所示。这种方法适用于短而较深的路堑。

2. 纵挖法

纵挖法中有分层纵挖法和通道纵挖法。分层纵挖时，应沿路堑分成宽度和深度的纵向层挖掘。挖掘可采用各式铲车进行。

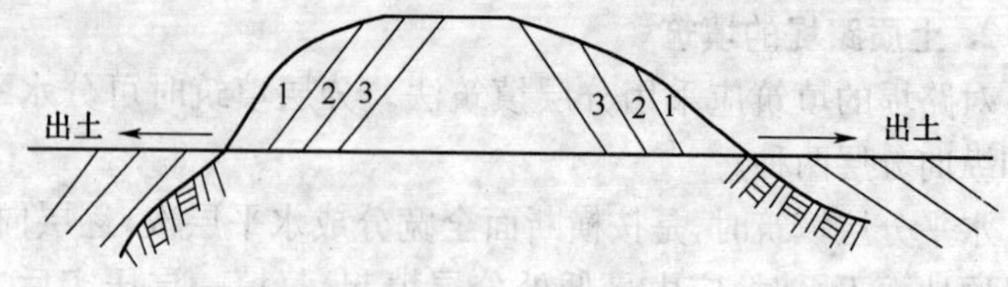

图 1-11 横挖法

通道纵挖时，先沿路堑纵向挖一通道，然后再挖两旁。如果路堑较深时，可分层次进行。这种方法可采用人工或机械。

3. 混合式

混合开挖方式是将横挖法、通道挖法混合使用。在施工时，先顺路堑挖通道，然后沿横向坡面挖掘，以增加开挖面。

（三）土基压实

当每层填筑完成后，就要采用压实机械将土压实。压实过程中应注意以下事项：

(1)填土层在压实前应先将表面整理平整，可自路中线向两路堤边做2%～4%的横坡。

(2)对于填筑的砂性土，应用振动式机具压实。对于黏性土，应用碾压式和夯击式。

(3)压实机具应先轻后重，以适应逐渐增加的土基强度。

(4)碾压速度应先慢后快，以避免松土被碾碴推移。

(5)压实机在压实时，应先两侧后中间，以便形成路拱，然后再从中间向两边碾压。前后轮迹应重叠0.15～0.2m，并应均匀分布。

(6)弯道部分设有超高时，由低的一侧边缘向高的一侧边缘碾压。

第四节 沥青混凝土路面施工

沥青混凝土路面属于柔性路面结构，路面刚度小，在荷载作用下，产生的弯沉变形大，路面本身抗弯抗拉强度低。但是，沥青混凝土具有很高的强度和密实度，并且透水性小，水稳定性好，有较大的抵抗自然因素和行车作用的能力。沥青混凝土路面结构如图 1-12 所示。这种路面适用于农村道路。由于沥青混凝土路面的路基由当地村民进行处理，路面沥青混凝土的施工都是由专业的施工单位进行施工，所以以下只对路基部分作详细介绍。

一、基层的施工

从图 1-12 可以看出，基层是位于路面下的结构层，它主要承受由面层传来的车辆荷载的竖向力，并把它扩散到垫层和土基中。

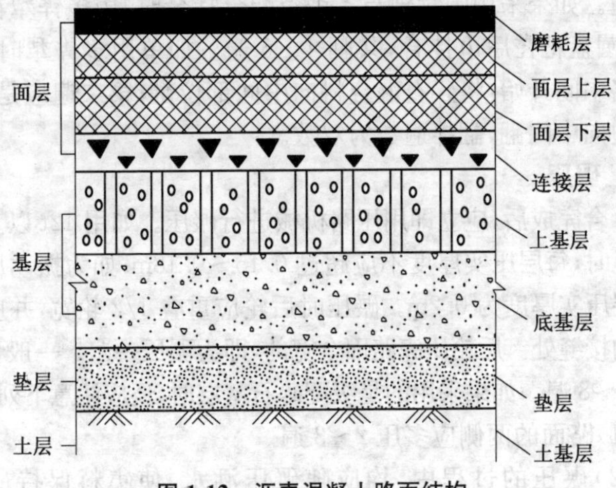

图 1-12 沥青混凝土路面结构

(一)卵石基层施工

农村道路的基层施工，基本采用路拌法施工。下承层、土基层与底基层表面应平整、坚实，并具有规定的路拱，没有任何松散的材料和软弱点。底基层上的低洼和坑洞应填补压实。底基层上的搓板和辙槽应刮除；松散处应耙松洒水后重新碾压。

1. 铺料

所铺的集料是粗、细碎石和石屑在一定的百分比下所成的混合料。铺料前,要通过试碾压确定集料的松铺系数。人工摊铺混合料时,其松铺系数为1.4~1.5;平地机铺料时为1.25~1.35。

铺料时应将料均匀地摊铺在预定的宽度上,要求表面平整,并具有规定的路拱。

级配碎石、砾石其层设计厚度为0.08~0.16m;当厚度大于0.16m,应分层铺筑。下层厚度为总厚度的0.6倍,上层为总厚度的0.4倍。

2. 拌合

用平地机进行施工时,将铺好的集料翻拌均匀,拌合遍数为5~6遍。如果采用圆盘耙与多铧犁配合拌合时,用多铧犁在前面翻拌,圆盘耙在后边拌合,共翻4~6遍。如单用多铧犁时,第一遍由路中间开始,将碎石混合料向中间部位翻;第二遍应是相反,从两边向中间翻,翻拌遍数为双数。

3. 碾压

拌合完成后,应立即用压路机械进行碾压。如用12t以上三轮碾路机时,每层压实厚度不应超过0.15~0.18m;如为振动压路机时每层压实厚度为0.2m。碾压时后轮应重叠1/2轮宽,并应超过两段的接缝处。后轮压完路面全宽的,即为碾压一遍。一般情况下需压6~8遍。如果采用的是级配碎石基层时,还应注意下列要求:

(1)路面的两侧应多压2~3遍。

(2)碾压的过程中,均应随碾压洒水,使集料保持最佳含水量。

(3)碾压中局部有软弹和翻浆现象的,应停止碾压,翻松晒干,也可换料进行。

(4)碾压开始时用较轻的压路机稳压2遍后,应检查碾压质量,不符合要求的应进行处理。

(二)石灰工业废渣路基施工

1. 混合料配比范围

(1)采用石灰、粉煤灰做基层或底基层时,石灰与粉煤灰比例:(1∶2)～(1∶9)。

(2)采用石灰、煤渣做底层时,石灰与煤渣的比例:(20∶80)～(15∶85)。

(3)采用石灰、粉煤灰粒料做基层时,石灰与粉煤灰的比例:(1∶2)～(1∶4)。

(4)采用石灰、煤渣、粒料做基层或底基层时,石灰∶煤渣∶粒料的比例为:(7～9)∶(26～33)∶(58～67)。

(5)采用石灰、粉煤灰土做基层或底基层时,石灰与粉煤灰的比例:(1∶2)～(1∶4)。

应注意:石灰在使用前7～10天要充分消解,消解后的石灰应保持一定的湿度,使用时,应用孔径为10mm的筛子筛;粉煤灰必须有足够的含水量,一般不应低于15%～20%。

2. 摊铺

材料按计划用量运送到工地后,就可以用平地机或其他机械进行摊铺。摊铺的宽度应符合要求,表面应争取平整,并具有规定的路拱。

第一种材料摊铺均匀后,宜先用两轮压路机碾压1～2遍,然后铺第二种材料。在第二种材料层上,也用两轮压路机碾压1～2遍,依次类推。

3. 拌合

拌合时一般采用平地机或多铧犁与施耕机等机械拌合,拌合遍数不得少于4遍。具体方法是:

采用施耕机与多铧犁配合拌合时,先用施耕机拌合,后跟多铧犁或平地机将底部素土翻起,再用施耕机拌合第二遍,然后用多铧犁或平地机将底部料再次翻起,使稳定土层全部翻透。

采用圆盘耙与多铧犁或平地机配合时,用平地机或多铧犁在前边翻拌,用圆盘耙跟在后面拌合。使二灰与集料拌合均匀,共拌合4遍。在拌合中,开始的2遍不应翻到底部,以防止二灰落到底部,后2遍应翻到底部。

4. 整形

混合料拌合均匀后，先用平地机初步整平整形。在直线段，平地机由两侧向中心进行刮平，在平曲线段，则应由内向外进行。用拖拉机、平地机或轮胎压路机快速碾压 1～2 遍，再用平地机如前法进行整形，并用上述机械再碾压 1 遍。

5. 碾压

整形后，当混合料处于最佳含水量时进行碾压。碾压机械可用 12t 以上三轮压路机或振动压路机在路基全宽范围内进行。直线段由两侧路肩向路中心碾压，平曲线段由内侧路肩向外侧路肩进行。碾压时，后轮应重叠 1/2 的轮胎宽度，后轮必须超过两段的接缝，直到碾压要求的密度为止。

对于二灰土，应先采用轻型机械，后采用重型机械。碾压过程中，二灰稳定土的表面应始终保持湿润，如果表面失水较快，应及时补洒少量的水。

二、沥青混凝土路面的施工

沥青混凝土路面的施工，一般都是由当地的公路段专业工程队进行施工，所以，在这里就不再详细介绍。

第五节 水泥混凝土路面施工

水泥混凝土路面适用于农村中的主要道路、次要道路和宅间道路，具有普遍性和广泛性。

一、混凝土路面的基本构造

由水泥混凝土材料浇筑的路面称为水泥混凝土路面。它是由面层、基层、垫层、路肩等组成。

（一）路面组成

1. 面层

面层是直接暴露在大气中，承受着行车荷载作用和自然因素的影响，所以，路面一方面应具有足够的抗压强度、弯拉强度、抗疲劳强度和耐久性能外，另一方面还要具有抗滑、耐磨、平整等表面特征，保证行车安全。

2. 基层

为了增强基层的刚度和承载力，防止产生板底脱空、错台等问题，则要选择如下的基层材料：

(1)素混凝土基层。

(2)碎石、砾石基层。

(3)无机结合料基层。如水泥、石灰与粉煤灰类；稳定粒料，如碎石、砾石和土。

3. 垫层

垫层是为解决地下水、冰冻、热融对路面基层以上结构带来的破坏而在特殊路段设置的路基结构层。其位置是在路床的标高以下，厚度和标高均不占用基层或底基层的位置。垫层的宽度与路基等宽，最小厚度不小于150mm，防冻、排水的垫层厚度在150～250mm。

(二)面板的接缝与构造缝

1. 面板平面尺寸

为减少水泥混凝土因伸缩变形和翘曲受到的应力，常把直线段的水泥混凝土路面划分成一定尺寸的矩形板块，曲线段的水泥混凝土路面也沿着中线相似划分一定尺寸曲线板块，并设置接缝、纵向和横向缝。

在一般情况下，水泥混凝土面层的横向接缝的间距按面层类型选定，农村主要道路或次要道路的普通混凝土面层为4～6m，而面板的长宽比不应超过1.30，平面尺寸不应大于25m^2。

混凝土面板的纵缝必须与道路的中线平行，纵缝间距按车道宽度设置。

2. 横缝构造

(1)胀缝构造。胀缝的宽度约为20mm左右。在胀缝中，为保证板与板之间能有效地传递荷载，防止错台产生，常在胀缝中设置传力杆，传力杆一般用长 0.4～0.6m 的 ϕ25～ϕ30mm 的光圆钢筋，每隔 0.3～0.5m 设置一根。杆的 1/2 固定在板缝上侧的混凝土内，另 1/2 段涂以沥青，套上长 80～100mm 的塑料管，管底与杆端之间留出宽 30～40mm 的空隙，并用木屑与弹性材料填充，以利板的自由伸缩，如图 1-13 所示。传力杆不同的结构端可交错地在板缝两侧设置。

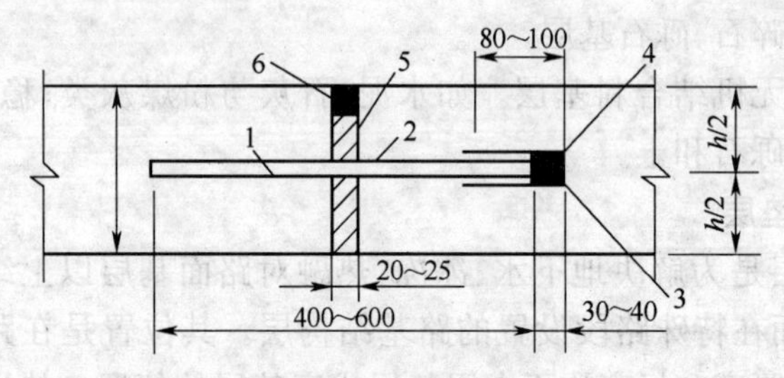

图 1-13 传力杆设置

1. 传力杆固定端 2. 传力杆活动端 3. 金属套筒 4. 弹性材料 5. 软木板 6. 填料

为了方便施工和节省钢材，也可不设传力杆。如果采用炉渣石灰土等半刚性材料作基层，可将基层按图 1-14 所示那样形成垫枕。板与垫枕或基层之间应铺一层油毡或 20mm 的沥青砂，用于防止水的渗入。

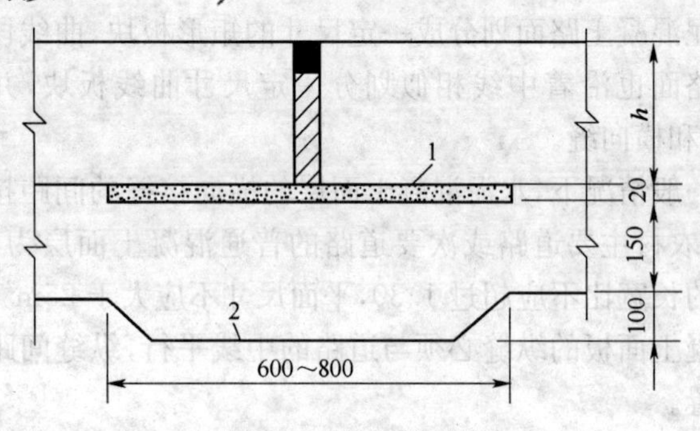

图 1-14 垫枕的形式

1. 沥青砂 2. 炉渣石灰土

(2)缩缝构造。缩缝是为防止板面收缩而设置的缝,一般是在板面上割以假缝。缝的宽度约 10mm,深度为板厚的 1/4。

3. 纵缝构造

纵缝是指平行于车行方向的接缝,一般是 3～4.5m 设置一道。并在板厚的中间设拉杆,拉杆直径一般为 22mm 左右,间距为 1m,如图 1-15a 所示。

如按一个车道施工时,在半幅板施工完成后,应对板的垂面壁涂上沥青,并在其上部安装厚约 10mm、高约 40mm 的缝样板,随浇筑另半幅板混凝土,待混凝土达到终凝时将缝样板取出,嵌入填缝料,做成平头纵缝,如图 1-15b 所示。

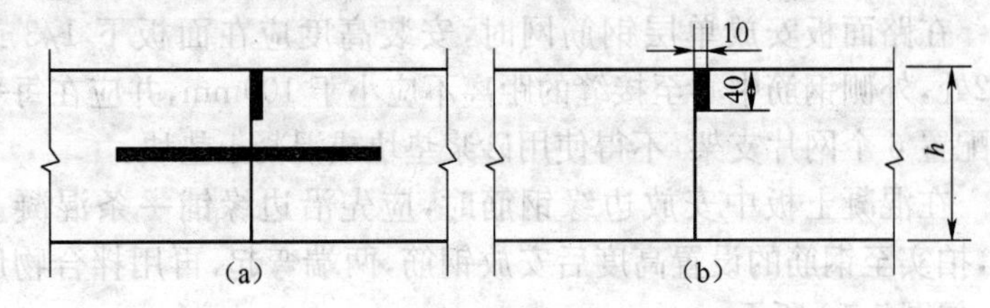

图 1-15 纵缝设置

二、水泥混凝土面层施工

1. 测量放线

在浇筑水泥混凝土前,首先要根据设计文件测定高度控制桩,定出路面中心线、路面宽度和纵横高程等样桩。

在放线时,道路中心线上每 20m 设一中线桩,并确定各胀缩缝位置、曲线起止点和纵坡转折点等中心桩。主要控制桩应设在路边的稳定位置上。临时水准点每隔 100m 设置一个,不要过长。

根据放好的中心线和边线放出接缝线,在弯道上必须保持横向分块线与路中心线相垂直。

2. 安装模板

在道路施工中,常用的模板为木模板或钢模板。钢模板常采用槽钢。

支模前，在基层上应进行模板安装位置的测量放线，每 20m 设一中心桩。核对路面标高、面板分块、胀缝等。

安装的模板应牢固、顺直、平整、无扭曲，底部与接缝处不得有漏浆缺陷。

3. 钢筋安装

在路面的设计中，水泥混凝土道路中可能还会放置钢筋或钢筋网片。安装时，钢筋的直径、间距、位置、尺寸等均要符合设计要求。

在混凝土板中安放单层钢筋网片时，应先在放置的底部铺一层混凝土，高度应按钢筋网片设计位置加上振动后的沉降量。放好钢筋网片后，再继续浇筑混凝土。安放好的网片不得踩踏。

在路面板安放单层钢筋网时，安装高度应在面板下 1/3 或 1/2处，外侧钢筋中心至接缝的距离不应小于 100mm，并应在每平米配置 6 个网片支架，不得使用砂浆垫块或混凝土垫块。

在混凝土板中安放边缘钢筋时，应先沿边缘铺一条混凝土带，拍实至钢筋的设置高度后安放钢筋，两端弯起，再用拌合物压住，如图 1-16 所示。

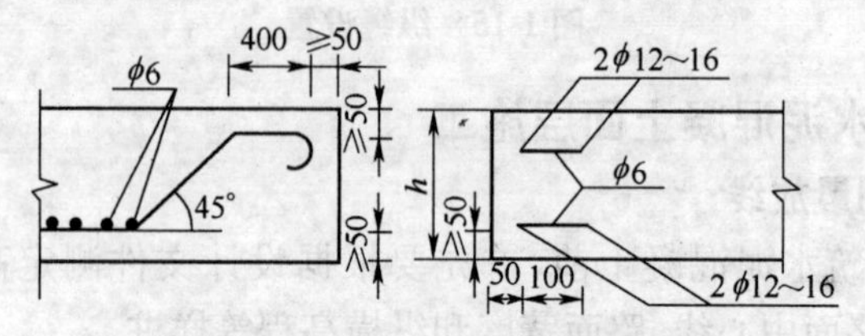

图 1-16 边缘钢筋安装

在混凝土面板的平面交叉和未设置钢筋网的基础薄弱地段，面板纵向边缘应安装边缘补强钢筋；横缝未设传力杆的平缝时也应安装边缘补强钢筋。补强钢筋安放位置应距面板底面的 1/4处，且不能少于 30mm，间距为 100mm。

若在混凝土板中放置角隅钢筋时，应先在安置钢筋的位置铺上一层混凝土拌合物，钢筋就位后，再用混凝土拌合物压住，其结构如图 1-17 所示。

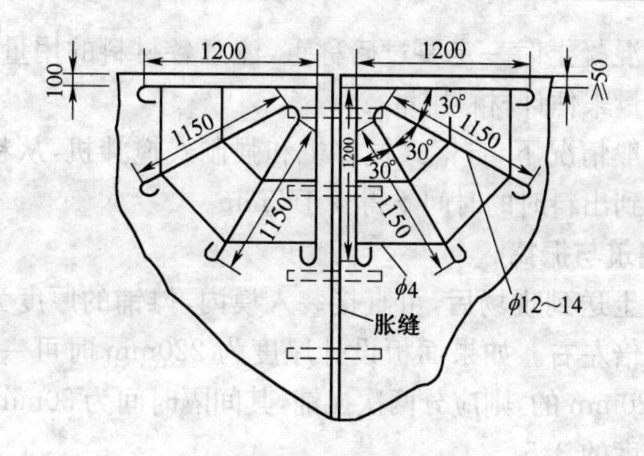

图 1-17　角隅钢筋布置

角隅钢筋在面板中安装时，在桥面及搭板上应补强钝角，在混凝土路面上应补强锐角。

混凝土板中放置固定传力杆时，可采用顶头木模固定或支架固定。安装时，传力杆长度的 1/2 应穿过端头挡板，固定于外侧挡板中，如图 1-18 所示。

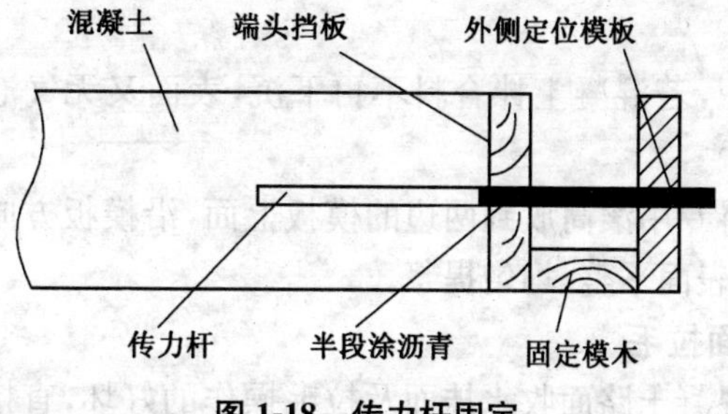

图 1-18　传力杆固定

4. 混凝土的拌制

在农村道路的施工中，混凝土的拌制绝大部分均是在施工现场由搅拌机拌合，也有直接从混凝土搅拌站中送来。

现场拌制时，应结合混凝土的干硬程度选择相应的搅拌机械。若混凝土为塑性时，则可选用自落式搅拌机，如混凝土为干硬性时，则应选用强制式的搅拌机。

搅拌混凝土时一定要过磅称重，注意各材料的用量，不得用推车的容量来估计材料用量。

在一般情况下，自落式搅拌机和强制式搅拌机，从料全部装入滚筒内到出料时的时间不得少于2min。

5. 浇筑与振捣

混凝土送到现场后，可直接装入模内，摊铺的厚度为设计厚度的1.2倍左右。如果面板设计厚度为220mm时可一次铺就，对大于220mm的，则应分两次摊铺，其间隔时间为30min，下部厚度为总厚度的3/5。

对于模板侧边，摊铺混凝土时应采用人工用铁锹翻扣法将混凝土装入。

混凝土入模摊平后，应用插入式振动器先振一遍，再用振动梁振实拖平。振动时，如有缺料处应及时补充振实。应注意防止模板变形和漏浆。

宅间道路施工时，也可采用人工摊平、平板振动器振捣的方法。

振捣中，若混凝土拌合料不再下沉，表面又无气泡时则可停止振动。

最后将专用滚筒放到两边的模板上面，沿模板方向进行反复滚压，达到表面平整、均匀提浆。

6. 抹面拉毛

水泥混凝土路面收水抹面及拉毛操作的好坏，直接影响到平整度、粗糙度和抗磨性能。混凝土终凝前必须收水抹面。

抹面前，先清边整缝，清除粘浆，修实掉边、缺角。抹面一般用小型电动磨面机，先装上圆盘进行粗抹，再装上细抹叶片精抹。操作时，来回抹面重叠一部分。初步抹面需在混凝土整平后10min进行。抹面机抹平后，有时再用拖光带横向轻轻拖拉几次。

抹面后，当用食指稍微加压按下能出现2mm左右深度的凹痕时，即为最佳拉毛时间，拉毛深度2～3mm。拉毛时，拉纹器靠住模板，顺横坡方向进行，一次拉纹成功，中途不得停留，这样拉毛纹理顺畅美观且形成沟通的沟槽，有利于排水。

7. 拆模

拆模时先取下模板支撑、铁钎等，然后用扁头铁撬棍棒插入模板与混凝土之间，慢慢向外撬动，切勿损伤混凝土板边。拆下的模板应及时清理保养并放平堆好，防止变形，以便转移他处使用。

8. 切缝与灌缝

横向缩缝、施工缝上部的槽口，应采用切缝法。合适的切缝时间应控制在混凝土获得足够的强度而收缩应力未超过其强度时进行，并随着混凝土的组成和性质、施工时的天气条件等因素而变化，施工人员须根据经验进行试切后决定。切割时必须保持有充足的注水，在进行中要观察刀片注水情况。

当采用切缝机切缝时切缝宽度控制在4～6mm，有传力杆结构的切缝深度为1/3～1/4板厚，最浅不得小于70mm；无传力杆缩缝的切缝深度应为1/4～1/5板厚。

灌缝前，先要进行清缝。清缝一般用空气吹扫的方法，保证缝内清洁、干燥、无污物。常用的灌缝材料为沥青橡胶、聚氯乙烯胶泥等。

第二章　新农村管道的设计安装

在新农村建设中，基础设施是最重要物质基础。近年来，由于自来水、燃气、电信、有线电视等不断地进入村民的生活圈，所以各种管道和管线的安装就会接踵而至。如何保证这些管线合理设计与安装，则是本章要介绍的内容。

第一节　新农村管线的规划设计

为满足新农村工业生产及村民生活需要，所敷设的各种管线和管道工程，简称管线工程。管线工程的种类很多，各种管线的性能和用途各不相同，并且由于施工时间先后不一，这就产生了管线与村内各要素之间互相冲突和干扰。为了解决这些冲突和干扰，就要用规划设计的手段来加以配合协调。

一、管线的规划

由于新农村的规模大小不一，工程管线布置的复杂程度也不尽相同，因此，实际工作中可根据具体情况分别确定。

综合管线工程时，一般应遵循下列原则：

(1)厂界、道路、各种管线的平面位置和竖向位置应采用农村统一的坐标系统和标高系统，避免发生混乱和互不衔接。

(2)安排管线位置时，要充分利用现状管线，并应考虑今后的发展，留出充分的余地，并要节约用地。在技术许可的情况下，尽量使管线能达到共架、同沟布置。同沟布置时还应符合下列规定：热力管不应与电力、通信电缆和压力管同沟；火灾危险性属于甲、乙、丙类的液体、液化石油气、可燃气体、有毒及腐蚀性强的介质管道，不应同沟，并严禁与消防管道同沟敷设；凡有可能产生互相影响的管线，不应同沟敷设；允许同沟的管线敷设时，排水管应布置在沟底，当沟内有腐蚀性介质管道时，排水管道应位于其上，腐蚀性介质管道的标高应低于其他管线。

(3)管线综合布置应与总平面布置、竖向设计和绿化布置统一进行，保证管线间、管线与建筑物、构筑物间在平面及竖向上相互协调、紧凑合理。

(4)管线线路尽量短捷，一般铺设在道路红线内，不要乱穿空地，减少管线与铁路、道路及其他干管的交叉。当必须交叉时，应尽量保持正交或交角不小于45°。

管线应与道路中心线或红线平行。同一管线不宜自道路一侧转向另一侧，以免增加与其他管线的交叉。靠近工厂的管线，最好和厂边平行布置，便于施工和今后的管理。

(5)在道路横断面中安排管线位置时，首先考虑布置在人行道下与非机动车道下，其次才考虑将修理次数较少的管线布置在机动车道下。干管应布置在用户较多一侧或将管线分类布置在道路两侧。管线自道路红线向道路中心线布置，其顺序为电信电缆、电力电缆、燃气管道、给水管道、污水管道、雨水管道。

居住区内的管线，首先考虑在街坊道路下布置，其次在次干道下布置。

(6)管道内的介质有毒、易燃、易爆时，严禁穿越与其有关的建筑物、构筑物、生产装置或贮罐区等。

(7)当地下管线产生相互矛盾时，应按照下列原则解决：

①压力管让重力自流管；

②管径小的让管径大的；

③易弯曲的让不易弯曲的；

④临时性的让永久性的；

⑤工程量小的让工程量大的；

⑥检修次数少的让检修次数多的；

⑦检修方便的让检修不方便的；

⑧新建的让原有的。

(8)管线间以及管线与建筑物、构筑物间的最小水平、垂直距离应满足相关规范的规定。当受道路宽度、断面以及管线密度等因素限制，难以满足要求时，可采取以下措施进行调整：

①重新调整规划道路断面或宽度；

②调整各种管线在不同道路上的分布；

③建设相近类别管线共用的综合管沟。

(9)结合当地现状，需要架空敷设工程时，在保证架空管线的功能要求下，还应满足下列要求：

①农村道路上方架空杆线的位置应结合道路远期规划横断面布置，且必须保障交通和居民的安全，以及杆线功能正常运行。架空杆线宜设置在人行道上，距路边石不大于1m的位置；有分车带的三块板道路，杆柱宜布置在分车带内。

②同一性质的线路宜同杆架设，但供电杆线与电信杆线一般应分别架设在道路两侧，且与同类地下电缆位于道路同侧。特殊情况下，在征得有关部门同意后，供电线路与电信线路亦可同杆架设，但要采取相应的措施，避免相互干扰。

③架空的热力管线、燃气管线不宜与架空输电线、电气化铁路线交叉或在其下通过。

④当工程管线跨越河道通过时，可采用管桥或利用现状进行架设。可燃、易燃工程管线不应在交通桥梁上跨越河流；在已建的交通桥梁上，可根据桥梁性质、结构强度情况敷设非可燃的工程管线。对架空跨越不通航河流的工程管线，要保护结构外表面，与5年一遇的最高水位垂直净距不应小于0.5m。

⑤各种架空管线与建筑物的最小水平距离、架空管线交叉时的最小垂直净距均应符合相关规范的规定。

二、给水工程管网规划布置

新农村给水工程规划的主要任务就是进行输配水工程的管网布置，保证将足量的、净化后的水输送和分配到各用水点，并满足水压和水质的要求。

(一)给水管网布置的基本要求

(1)应符合新农村总体规划的要求，并考虑供水的分期发展，留有充分的余地。

(2)管网应布置在整个给水区域内，在技术上要保证用户有足够的水量和水压。

(3)不仅要保证日常供水的正常运行，而且当局部管网发生故障时，也要保证不中断供水。

(4)管线布置时，应规划为短捷线路，保证管网工程经济、供水便捷、施工方便。

(5)为保证供水的安全，铺设由水源到水厂或由水厂到配水管的输水管道不宜少于两条。

(二)给水管网的布置原则

在给水管网中，由于各管线所起的作用不同，其管径也不相等。农村给水管网按管线作用的不同，可分为干管、配水管和接户管等。干管的作用是将净化后的水输送至农村各用水区。干管的直径一般在100mm以上。支管是把干管输来的水量分送到各接户管和消防栓管道。为满足消防栓要求，支管最小管径通常采用75～100mm。

新农村总体规划阶段的给水管网布置和计算一般以干管为限，所以干管的布置通常按下列原则进行：

(1)供水干管主要方向应按供水主要流向延伸，而供水流向取决于最大用水户或水塔等调节构筑物的位置。

(2)在布置干管时，尽可能使管线长度短捷，减少管网的造价和经常性的维护费用。

(3)管线布置要充分利用地形，尤其是输水管要优先考虑重力自流，干管要布置在地势较高的一侧，以减少经常性动力费用，并保证用户的足够水压。地形高低相差较大的农村，为避免低地水压过高、高地水压不足的现象，可结合地形采用分区供水管网，或按低地要求的压力供水，高地则另行加压处理。

(4)管线一般按规划的农村道路布置，尽量避免在重要道路下敷设，尽量少穿越铁路和河流。管线在道路下的平面位置和高度应符合管网综合设计要求。

(5)为保证绝大多数用户对水量和水压的要求，给水管网必须具有一定的自由水头。自由水头是指配水管中的压力高出地面的水头。这个水头必须能够使水送到建筑物的最高用水点，而且还应保证取水龙头的放水压力。

(6)管网水压控制中，应选择最不利点作为水压控制点。控制点一般位于地面较高、离水厂或水塔较远、或建筑物层数较多的地区。只要控制点的水头符合要求，整个管网的水压都能得到保证。

(三)给水管网的布置

给水管网布置的基本形式有树枝状和环状两大类。

1. 树枝状管网形式

干管与支管的布置犹如树干与树枝的关系。这种管网的布置，管径随所供水用户的减少而逐渐变小。其主要优点是管道总长度较短、投资少、构造简单。树枝状管网适用于地形狭长、用水量不大、用户分散以及供水安全要求不高的小村落，或在建设初期先形成树枝状管网，以后逐步发展成环状，从而减少一次性投资。

2. 环状管网形式

环状管网布置形式是指供水干管间用联络管互相连通、形成许多闭合的干管环。环状管网中每条干管都可以有两个方向的来水，从而保证供水安全可靠；同时，也降低了管网中的水头损失，有利于减小管径、节约动力。但环状管网管线长，投资较大。

在新农村的规划建设中，为了充分发挥给水管网的输配水能力，达到既安全可靠，又经济适用的目的，可采用树枝状与环状相结合的管网形式，对主要供水区域采用环状，对距离较远或要求不高的末端区域采用树枝状，由此实现供水安全与经济的有机统一。

三、排水管网规划

（一）污水设计总流量计算

计算农村污水量的方法常用的有累计流量法、综合流量法。在规划设计中，应根据所规划的项目对污水量准确程度的要求来选择计算方法。

1. 累计流量法

累计流量法不考虑各种生活污水及各种工业废水高峰流量发生的时间，而假定各种污水都在同一时间出现的最高流量，并采用简单的累加法计算污水流量。这样计算所得出的流量数值与实际情况相比是偏高的。但是，由于它比较简便，所需资料容易收集到，所以，在农村污水管道规划设计中经常采用。

2. 综合流量法

农村生活污水和工业废水的流量时刻都在变化，其高峰流量出现的时间一般也不相同。按累计法计算流量偏高不经济。综合流量法是根据各种污水流量的变化规律，考虑各种污水最高流量出现的时刻，由一日之中各种污水每小时流量资料，将同一时刻的各种污水量相加，即可得出一天中农村污水量各小时流量，其中最大流量值即是综合求得的最高日最高时污水流量。

（二）农村排水系统的体制

对生活污水、工业废水、降水采取的排除方式称为排水体制。一般情况下可分为分流制和合流制两个体制。

1. 分流制排水系统

当生活污水、工业废水、降水用两个或两个以上的排水管渠系统来汇集和输送时，称为分流制排水系统。其中，汇集生活污水和工业废水的系统称为污水排除系统；汇集和排泄降水的系统称为雨水排除系统。只排除工业废水的称工业废水排除系统。分流制排水系统又分为下列两种。

(1)完全分流制。分别设置污水和雨水两个管渠系统，前者用于汇集生活污水和部分工业生产污水，并输送到污水处理厂，经处理后再排放；后者汇集雨水和部分工业生产废水，就近直接排入水体。

(2)不完全分流制。农村中只有污水管道系统而没有雨水管渠系统，雨水沿着地面，于道路边沟和明渠泄入天然水体。这种体制只有在地形条件有利时采用。

对于地势平坦、多雨易造成积水地区，不宜采用不完全分流制。

2. 合流制排水系统

将生活污水、工业废水和降水用一个管渠汇集输送的称为合流制排水系统。根据污水、废水和降水混合汇集后的处置方式不同，可分为三种不同情况。

(1)直泄式合流制。管渠系统布置就近坡向水体分若干排出口，混合的污水不经处理直接泄入水体。我国许多农村的排水方式大多是这种排放系统。此种形式极易造成水体和环境污染。

(2)全处理合流制。生活污水、工业废水和降水混合汇集后，全部输送到污水处理厂处理后排出。这对防止水体污染，保障环境卫生最为理想，但需要主干管的尺寸很大，污水处理厂的容量也得很大，基建费用高，在投资上很不经济。

(3)截流式合流制。这种体制是在街道管渠中合流的生活污水、工业废水和降水一起排向沿河的截流干管，晴天时全部输送到污水处理厂处理；雨天时当雨量增大，雨水和生活污水、工业废水的混合水量超过一定数量时，其超出部分通过溢流井排入水体。这种体制目前采用较广。

（三）污水管道的平面形式

在进行农村污水管道的规划设计时，先要在农村总平面图上进行管道系统平面布置，有的也称为排水管定线。它的主要内容有：确定排水区界、划分排水流域；选择污水处理厂和出水口的位置；拟定污水干管及主干管的路线和泵站设置的位置等。

污水管道平面布置，一般先确定主干管，再定干管，最后定支管的顺序进行。在总体规划中，只决定主干管、干管的走向与平面位置。在详细规划中，还要决定污水支管的走向及位置。

1. 主干管的布置

排水管网的布置形式与地形、竖向规划、污水处理厂位置、土质条件、河流情况以及其他管线的布置因素有关。按地形情况，排水管网可分为平行式和正交式。

(1)平行式布置的特点是污水干管与地形等高线平行，而主干管与地形等高线正交。在地形坡度较大的农村采用平行式布置排水管网时，可减少主管道的埋深，改善管道的水力条件，避免采用过多跌水井。

(2)正交式通常布置在地势向水体略有倾斜的地区，干管与等高线正交，而主干管（截留管）铺设于排水区域的最低处，与地形等高线平行。这种布置形式可以减少干管的埋深，适用在地形比较平坦的农村，既便于干管的自接流入，又可减少截留管的埋设坡度。

除了平行式与正交式布置形式外，在地势高差较大的农村，当污水不能靠重力汇集到同一条主干管时，可采用分区式布置，即在高低地区分别铺设独立的排水管网；在用地分散、地势平坦的农村，为避免排水管道埋设过深，可采用分散式布置，即各分区有独立的管网和污水处理厂，自成系统。

2. 支管的布置

污水支管的布置形式主要决定于农村地形和建筑规划，一般布置成低边式、穿坊式和围坊式。

低边式支管布置在街坊地形较低的一边，管线布置较短，适用于街坊狭长或地形倾斜时。这种布置在农村规划中应用较多。

穿坊式污水支管的布置是污水支管穿越街坊，而街坊四周不设污水管，其管线较短、工程造价低，但管道维护管理有困难，适用于街坊内部建筑规划已确定，或街坊内部管道自成体系时。

围坊式支管沿街坊四周布置。这种布置形式多用于地势平坦且面积较大的大型街坊。

（四）污水处理厂位置规划

污水处理厂的作用是对生产或生活污水进行处理，以达到规定的排放标准，使之无害于农村环境。污水处理厂应布置在农村排水系统下游方向的尽端。农村污水处理厂的位置应在农村总体规划和农村排水系统布置时决定。如果有的村落规模及污水排量较小时，可与其他村共建一个污水处理厂。选择厂址时应遵循以下原则：

（1）为保证环境卫生要求，污水处理厂应与规划居住区、公共建筑群保持一定的卫生防护距离，一般不小于300m。并必须位于集中给水水源的下游及夏季主导风向的下方。

（2）污水处理厂应设在地势较低处，便于农村污水自流入处理厂内。厂址选择应与排水管道系统布置统一考虑，充分考虑农村地形的影响。选址时应尽量靠近河道和回用再生水的主要用户，便于污水处理后的排出与回用。

（3）厂址尽可能少占或不占农田，但宜在地质条件较好的地段，以便于施工、降低造价。

（4）污水处理厂用地应有良好的地质条件，满足建造构筑物的要求;靠近水体的污水处理厂应不受洪水的威胁,厂址标高应在 20 年一遇洪水位以上。

(5)污水处理厂应有良好的交通运输和水、电供应条件,保证有两个供电电源。

(6)要全面考虑农村近期、远期的发展前景,并对后期扩建留有一定的余地。

四、农村消防规划

对新农村进行总体规划时,必须同时制定新农村消防规划,以杜绝火灾隐患,减低火灾损失,确保人民生命财产的安全。

(一)消防给水规划

1. 消防用水量

消防用水量,是保障扑救时消防用水的保证条件,必须足量供给。

在规划农村居住区室外消防用水量时,应根据人口数量确定同一时间的火灾次数和一次灭火所需要的水量。此外,还应满足:农村室外消防用水量必须包括农村中的村民居住区、工厂、仓库和民用建筑的室外消防用水量;在冬季最低气温达到零下 10℃的地区,如采用消防水池作为消防水源时,必须采取防冻措施,保证消防用水的可靠性;城镇中的工厂、仓库、堆场等设有独立的消防给水系统时,其同一时间内火灾次数和一次火灾消防用水量可分别计算。

在确定建筑物室外消防用水量时,应按其消防需水量最大的一座建筑物或一个消防分区计算。

2. 消火栓的布置

农村的住宅小区及工业区,其市政或室外消火栓的规划设置应符合下列要求:

消火栓应沿农村道路两侧设置,并宜靠近十字路口。消火栓距道边不应超过 2m,距建筑物外墙不应小于 5m。油罐储罐区、液化石油气储罐区的消火栓,应设置在防火堤外;室外消火栓的间距不应超过 120m；市政消火栓或室外消火栓，应有一个直径为 150mm 或 100mm 和两个直径 65mm 的栓口。每个市政消火栓或室外消火栓的用水量应按 10～15L/s 计算。室外地下式消火栓应有一个直径为 100mm 的栓口，并应有明显的标志。

3. 管道的管径与流速

选择给水管道时，管径与流速成反比。如流速较大，所需管径就小些。如采用较小流速，就需用较大的管径。所以，在规划设计时，要通过比较，选择基建投资和设备运转费用最为经济合理的流速。一般情况下，0.1～0.4m 的管径，经济流速为0.6～1.0m/s；大于 0.4m 的管径，经济流速为 1.0～1.4m/s。

关于消防用水管道的流速，既要考虑经济问题，又要考虑安全供水问题。因为消防管道不是经常运转的，如采用小流速大管径是不经济的，所以宜采用较大流速和较小管径。根据实践经验，铸铁管道消防流速不宜大于 2.5m/s；钢管的流速不宜大于 3.0m/s。

凡是新规划建设的居住区、工业区，给水管道的最小直径不应小于 0.1m，最不利的点的市政消火栓的压力不应小于 0.1～0.15MPa，其流量不应小于 15L/s。

(二)居住区消防规划

由于农村总体布局不合理，消防站、消防设施欠缺，消防安全还存在一些亟待解决的问题。所以，加强农村居住区的规划，也是减少或避免农村火灾发生的科学手段。

1. 居住区总体布局中的防火规划

农村居住区总体布局应根据农村规划的要求进行合理布置，各种不同功能的建筑物群之间要有明确的功能分区。根据居住小区建筑物的性质和特点，各类建筑物之间应有必要的防火间距。居住区内的煤气调压站、液化石油气瓶库等，这些建筑也应与居住的房屋间留有一定的安全距离。

2. 居住区消防给水规划

在居住区消防给水规划中，有高压消防给水管道的布置、临时高压消防给水管道布置、低压给水管道布置等。这些给水管道均能保证发生火灾时消防用水。但在农村中，基本上采用生活、生产和消防合用一个给水系统，这种情况下，应按生产、生活用水量达到最大时、同时要保证满足距离水泵的最高、最远点消火栓或其消防设备的水压和水量要求来规划设计。并且，小区内的室外消防给水管网应布置成环状。因为环状管网的水流四通八达，供水安全可靠。

在水源充足的小区，应充分利用河、湖、堰等作为消防水源。这些供消防车取水的天然水源和消防水池，应规划建设好消防车道或平坦空地，以利消防车装水和掉头。

在水源不足的小区，必须增设水井，以填补消防用水的不足。

（三）居住区消防道路规划

居住小区道路系统规划设计要根据其功能分区、建筑布局、车流和人流的数量等因素确定，力求达到快捷畅通；道路走向、坡度、宽度、交叉等要依据自然地形和现状条件，按国家建筑设计防火规范的规定进行科学设计。当建筑物的总长度超过220m时，应设置穿过建筑物的消防车道。消防车道的宽度不应小于3.5m，其路边距离建筑外墙应大于5m。道路上空如有障碍物时，障碍物下的净高不应小于4m。消防车道下的管沟和暗沟应能承受大型消防车辆过往的压力。对居住区不能通行消防车的道路，要结合农村改造，采取裁弯取直、扩宽延伸或开辟新路的办法，逐步改变道路网，使之符合消防道路的要求。

第二节　排水沟槽的砌筑

在农村，由于农业生产的特殊性，会在村内的道路两旁堆积农作物秸秆或其他杂物等,并且由于地面或其他空闲地方均是土地面,所以,在雨后容易使排水设施堵塞,影响雨水的排出。为方便清理堵塞的杂物和淤泥,农村中的生活污水、工业废水和雨水大多采用排水沟槽排放。

一、排水沟槽的设置

根据排水规划,在新农村的建设中,截流式合流制是当前农村比较常用的排水方式。这种方式是由于少建一条管路而节省经费。在人数并不是很多的村庄,生活污水(无粪便)和雨水一般采用排水沟槽的方式进行排水。这种排水方式有两种,一种是明沟槽式,另一种是暗沟槽式。暗沟槽就是在明沟槽上部盖上盖板。排水沟槽大多与村内的主道路并排设置,有的次道路上也可设排水沟槽,但截面较小。

1. 排水沟槽的截面尺寸

排水沟槽一般采用倒Ⅱ字形。其截面尺寸根据排水量确定。在农村中常用的沟槽宽度 500～800mm,深度依据村内的地理地势来确定,也就是以每家每户和各个工业厂区的水均能排出为标准,一般的槽深为 800～1200mm。

2. 沟槽结构

沟槽一般采用普通砖砌筑或采用现浇混凝土浇筑而成。暗沟的盖板有两种形式,一种是预制混凝土实心平板,另一种是带有落水的箅板。采用预制混凝土实心平板时,为了使雨水能落入沟槽内,在施工时,两板的侧边应拉开一定缝隙,便于雨水经缝隙流入槽内,如图 2-1 所示。

3. 沟槽坡度

根据农村的常规做法,在地形变化不是很大的地区,沟槽坡度为 3‰～5‰。

二、排水沟槽的施工

排水沟槽的施工应尽量同村内道路同时进行。

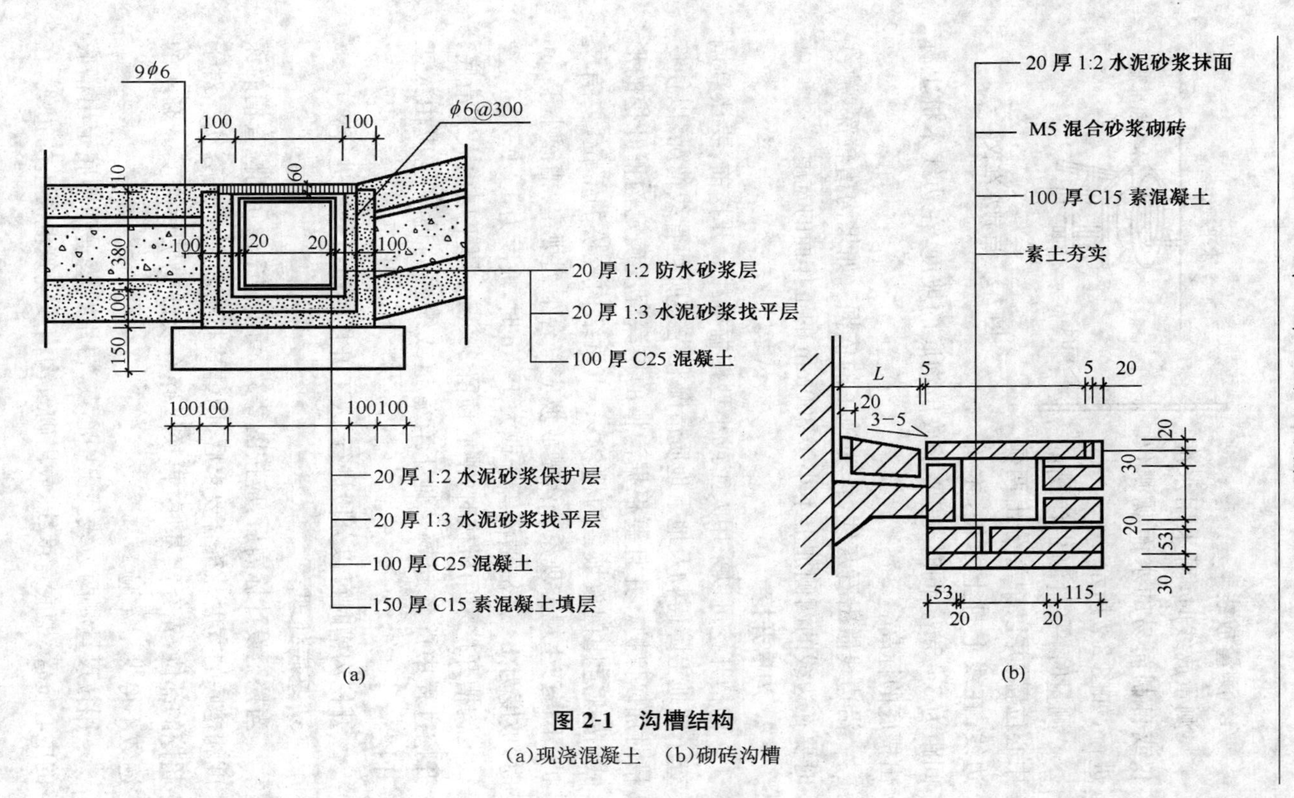

图 2-1　沟槽结构

(a)现浇混凝土　(b)砌砖沟槽

1. 测量放线

测量放线时，可采用水准仪或自制简易的水面观测仪进行，如图 2-2 所示。

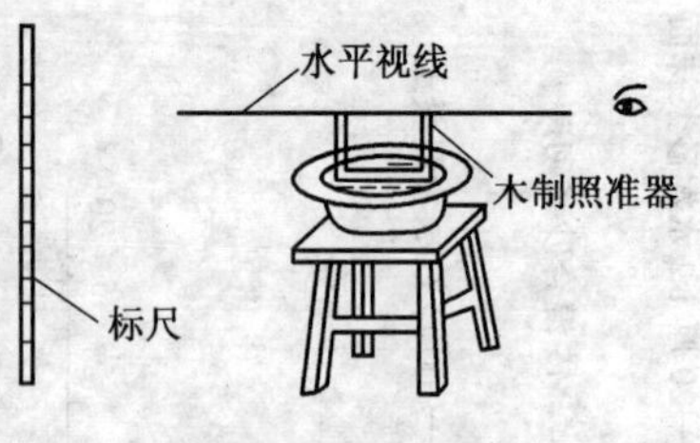

图 2-2 自制水准仪

测量时，要量测出沟槽的中心位置，并以中心分出两侧边线，在线上打上木桩，木桩间距为 3～5m。同时，按要求放出沟底的坡度，在边线木桩上标出槽底的标高。

沿边线撒出石灰线，作为施工的依据。如果沟槽较深，放线时要在边线的两侧加上不小于 300mm 的工作面的宽度。

2. 沟槽开挖

沟槽开挖可以采用人工或小型挖掘机械。开挖前，要认真调查了解地上障碍物及地下地质情况和先前所埋管线情况，以便挖槽时加以保护。并且要根据沟槽的挖深程度确定沟槽开挖的形式，按规定比例放坡。沟槽较深、土质结构较松的部位，要有支护，不得产生塌方现象。沟槽放坡应符合下列规定：槽深小于 3m 时，坡度为 1∶0.3；槽深等于或大于 3m 时，坡度为 1∶0.5。

沟槽开挖采用机械时，槽底预留 300mm 厚土层由人工清底。开挖过程中严禁超挖。地下有管道或缆线的地段也应由人工开挖。

开挖沟槽时可以分段进行，人工开挖时也可分层进行。

3. 基底处理

当挖至设计标高后，应按图 2-3 所示的方法，分别检查槽的深度和槽底的宽度。符合要求后，用蛙式打夯机对基底夯实。对于超挖的部位，先夯实基底，再换以碎石或砂垫层后夯实。夯实的遍数不得少于 4 遍。

用拉尺量测两边线找出中心点，再用线坠垂到槽底定出槽底的中心位置、槽底宽度线，放出砌筑沟槽或浇筑混凝土的边线，在

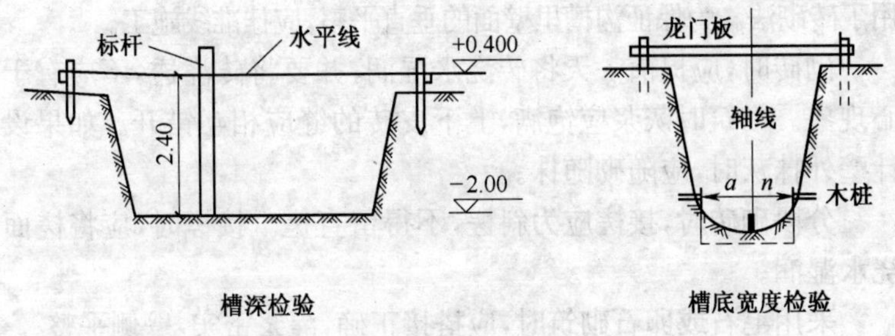

图 2-3 沟槽检验

槽底设槽底标高小木桩。

根据沟槽结构，在夯实的基层上浇筑 100mm 或 150mm 厚的素混凝土，浇筑混凝土时应满底浇筑。

4. 模板安装

如果沟槽全部为混凝土结构时，可以分段分边安装侧模板。模板可用木模板、胶合模板等。

模板安装必须表面平整、拼缝严密、支撑牢固。并在板的内侧拉线标上浇筑混凝土顶面的高度。

5. 浇筑与砌筑

(1)混凝土浇筑。拌合混凝土时应用搅拌机械进行搅拌，不得使用人工拌料。机械搅拌时，一定要控制石子、砂、水泥和外加剂的用量误差；搅拌的时间最短不得少于 2min。

向模板内填充混凝土时应用滑槽进行，如沟槽较深，填料时应分层进行。

振捣混凝土时应采用插入式振捣器。振捣时，每一振点的振捣延续时间应使混凝土表面不再沉落和呈现浮浆为宜；每次移动的间距，不宜大于振捣器作用半径的 1.5 倍；振捣器插入下层混凝土内的深度不应大于 50mm。

当浇筑下段时，首先，应在与上段接头处用水泥浆做结合层。

(2)砌砖。砌砖应根据设计的沟壁厚度进行组砌。一般情况下，沟槽深小于 500mm 时，沟壁可采用顺砖砌法；当大于 500mm 时，应采用丁砖砌法。为保证沟槽里壁面的垂直平整,应挂准线施工。

砌砖时,应提前一天将砖浇水湿润,并要将砖浇透,不应有干心现象。砌筑时灰浆应饱满,上下皮砖的缝应相互错开。如果设计壁外抹灰时,应随砌随抹。

分段砌砖时,接槎应为斜槎,不得留直槎。接槎时,应将槎面浇水湿润。

采用毛石或卵石砌筑时,应搭接正确,灌浆密实,壁侧平整。

当村内次要道路上的排水管或沟槽与砌筑的排水沟槽相通时,要在相应的部位留出管或槽的位置,并要结合严密,不得有漏水现象。

无论是现浇混凝土或砌筑槽壁,一定要控制好槽壁顶面的标高。顶面的标高是以路边的标高减去盖板和抹灰的厚度,盖板后不得高于路边的路面。

6. 抹面防水

无论是现浇混凝土或是砌砖的排水沟槽,抹防水面层时不应少于两层水泥砂浆。并且应在砂浆中加入产品规定剂量的防水剂。

抹面时,应将槽壁上的残灰清除干净,并浇水湿润。

抹面砂浆的强度等级应符合设计要求,稠度应满足施工需要。第一道砂浆抹成后,用刮尺刮平,并将表面刷毛,间隔48h后进行第二道抹灰。第二道抹灰应2遍成活,达到压实压光。

抹面完毕后,应保持表面湿润,并应根据天气情况,每隔4h洒水一次。养护时间不得少于14天。

7. 壁沟回填

当沟槽壁全部浇筑或砌筑完成后,应对两边侧壁外的空间进行回填。回填时最好用砂或砂土。当用黏性土时,其中不得有大于50mm的粒块。回填厚度达到300mm时应捣实。

8. 封口盖板

为保证行人的安全,一般沟槽应用盖板封口。封口的盖板应按两外壁的间距作为板的长度。板的厚度不得小于120mm。当使用带孔的箅板时也应符合上述要求。盖板一般采用钢筋混凝土制作而成。

为方便定时或不定时清理淤泥和杂物，封盖板时底部不铺砂浆。当为实心板时，板与板之间应拉开 30mm 的缝隙，以利雨水排入。

第三节　新农村室外排水管道的安装

室外排水管道的种类较多，常用的有金属管道、混凝土管道和各类塑料排水管道。这些管道由于是一节一节通过一定的技术手段连接而成，所以，如何控制好接头的连接质量，则是管道安装的关键。

由于金属排水管应用逐年下降，所以，在本节中主要介绍混凝土排水管和塑料排水管的安装。

一、混凝土排水管道安装

在安装管道前，要充分了解原先地下管路的分布及埋深，并且要遵守小管让大管、临时管让永久管、新建管让原有管、可弯管让直通管的管道安装原则。

（一）测量放线

1. 放线定位

根据导线桩测定管道安装的中心线，在管线的起点、终点和转角处，均钉一木桩作为中心控制桩，如图 2-4 所示。

根据中心位置和管沟口的开挖宽度，在地面上撒灰线标明开挖边界。测设中线时应同时定出中位及附属构筑物的位置。

施工的过程中，由于管道中线桩要被挖去，为了便于恢复中线和附属构筑物的位置，应在不受施工干扰的地方，测设施工控制桩。施工控制桩分别为中线控制桩和井位等附属构筑物位置控制桩。中线控制桩一般是设在主中线的延长线上，井位控制桩应设在中心线的垂直线上。

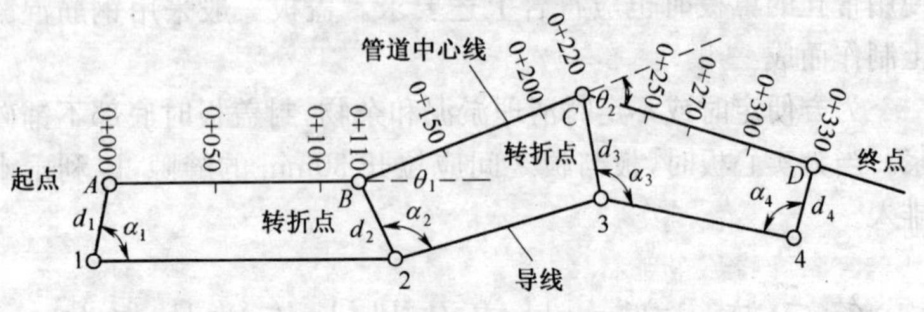

图 2-4　管道中心线量测

2. 坡度板的测设

管道施工中，坡度板又称龙门板，在每隔 10m 左右槽口上设一个坡度板，如图 2-5 所示，作为施工时控制管道中心和位置。

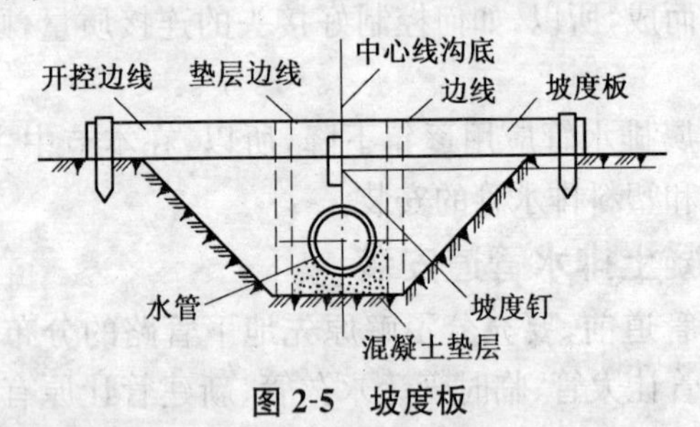

图 2-5　坡度板

(二)管槽开挖

农村管槽的开挖一般使用小型机械施工。机械开挖至沟底时，应留 200mm 的土层由人工开挖。如果机械作业时超挖过了槽底标高，且无地下水时，可用原土回填夯实；沟底有地下水时，采用砂石混合回填。

槽底的开挖宽度等于管道结构基础宽度，再加上两侧面的工作宽度，每侧工作面的宽度不得小于 300mm。

开挖出的土应放到距边线不小于 1m 的地方。堆土不得压盖邮筒、消防栓、管线井盖、雨水排出口等。

(三)基础施工

基础施工前，应清除浮土层，用碎石铺填后夯实至设计标高。

应按照设计的基础类别分别对待。

1. 砂土基础

砂土基础包括弧形素土基础及砂垫层基础，如图2-6所示。这种基础适应于套环及承插接口的管道安装。弧形素土基础是在原土层上挖出一弧形管槽，管子直接落于弧形管槽内。砂垫层基础则是在挖好的弧形槽内铺一层厚100～150mm的粗砂。

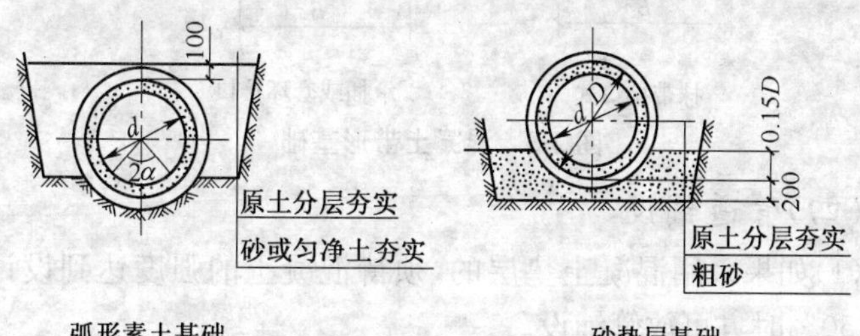

图2-6　砂土基础

2. 混凝土枕基

混凝土枕基是设置在管接口处的局部基础，适用于管径小于或等于600mm的承插接口管道及管径小于或等于900mm的抹带接口管道。枕基的长度应和管子的外径相同，宽度为250mm左右。所用的混凝土强度等级不得低于C10，如图2-7所示。当采用预制的枕基时，其上表面中心的标高应低于管底皮10mm。

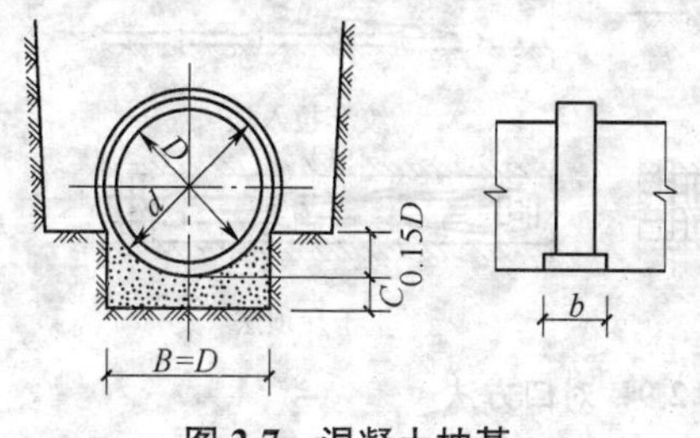

图2-7　混凝土枕基

3. 混凝土带形基础

混凝土带形基础是沿管道全长而铺设的基础，按管座形式分为90°、135°、180°三种。施工时，先在基础底部垫100mm厚的砂砾石层，然后在垫层上浇筑C10混凝土。混凝土带形基础的几何尺寸应按施工图要求确定，如图2-8所示。

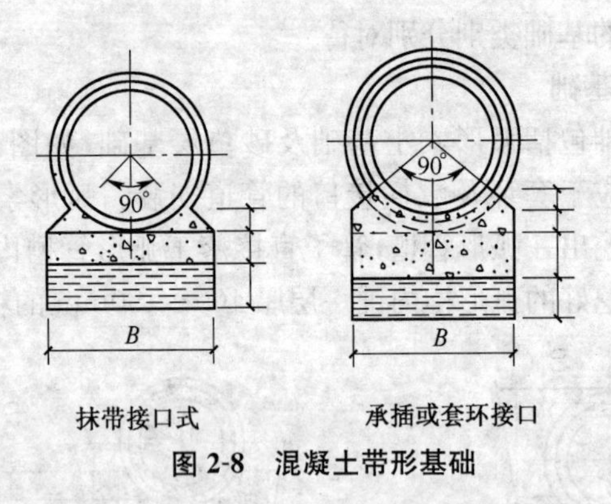

图 2-8　混凝土带形基础

(四)管道铺设

(1)如果采用混凝土垫层的,须待混凝土的强度达到设计强度的50%时方可放管铺设。

(2)管径小于或等于700mm时,管与管之间可不留间隔。

(3)向沟内放管时用绳或机械缓慢放下。并且下管时应根据来水的方向确定承插口的放置方向。一般情况下,承插口应朝向来水方向。

(4)将两管对口时,可采用撬杠顶入法、吊链拉入法等,如图2-9所示。

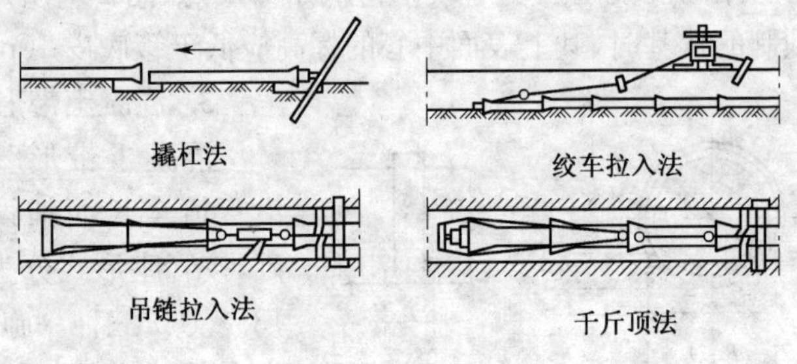

图 2-9　对口方法

(5)管道如在混凝土垫层上铺设后,必须对管道两侧进行支撑固定。

(6)如果混凝土排水管为承插式或企口式时,接口应平直,环形间隙应均匀，灰口应整齐、饱满密实。

(7)如为平口时，应采用1∶2.5或1∶3的水泥砂浆在接口处抹成半椭圆形砂浆带，带宽为150mm，中间厚约30mm。也可采用钢丝网水泥砂浆抹带接口。在抹砂浆前，把管子的接口处宽200mm的外壁凿毛，抹1∶2.5的水泥砂浆一层，在抹带层内埋10×10mm的方格钢丝网，钢丝网两端插入基础混凝土中固定，上面再抹10mm厚的水泥砂浆一层。

二、塑料排水管道安装

塑料排水管道主要有UPVC塑料管和ABS塑料管等。其定位放线和管沟开挖可参见上面的内容。

(一)基底处理

(1)地基处理应结合实际情况进行。

(2)挖槽时因其他原因超挖时，应按以下规定进行处理：

①超挖深度在没有超出100mm时，可换天然级配砂石或砾石处理。

②超挖深度在300mm以内、但下部土层坚硬时，可采用大卵石或用块石铺设，再用砾石填充和找平。

(二)管道安装

1. 铺管

(1)铺管前应检查管底的标高和坡度。

(2)垫层为混凝土时，强度应达到设计强度的50%。

(3)垫层为细砂时，垫层的厚度应符合要求。

2. 管道连接

(1)主管道连接时，应保证管路顺直，坡度均匀，预留分支口的位置准确，承接口朝向来水方向。

(2)安装分支管道时，应根据室内系统排出管位置，确定建筑物外下水管井的位置，然后量测分支管的尺寸。分支管按水流方向铺设。分支管穿越管沟和道路时，应在穿越部位加设金属套管进行防护。

(3)根据坡度、标高,确定管井位置。砌筑管井时要保护好分支管道的甩口。安装的排水管口应伸进管井100mm左右。

(4)采用粘胶剂连接时,管子切断后,须将插口处进行倒角处理。切口应保证平整且垂直于管的轴线。加工的坡口长度一般不小于3mm,坡口厚度约为管壁厚度的1/2。

(5)为了控制插入的深度,插入前应在管子的外面画上承插深度标志线。插入的深度一般是根据管材公称外径来确定,一般为公称外径的60%~80%。管径小的为80%,管径粗的为60%。

3. 试水回填

管道安装完成后,应分段进行灌水法试验,如无渗漏的则可回填沟槽。每层回填为200mm,并应人工夯实。

第四节 检查井与化粪池砌筑

排水系统中,污水在排放中由于产生沉淀而使排水管的有效排水断面越来越小,阻碍了正常排水,所以,为了方便污水的排放和清理疏通这些沉淀物,就要在排水管与室内排出管的连接处,管道与管道的交汇处、管道的转弯处、管道直径或管底坡度改变处设立一个附属构筑物,这就是常见的检查井。

一、检查井施工

(一)基本规定

1. 检查井间距

在排水管与室内排出管连接处,管道交汇、转弯以及管道直径或管底坡度改变时,应每隔一段距离设置一检查井,最大井距根据管径的不同而不同。当管径为150mm时,污水或雨水检查井距为20m;管径在200~300mm、400mm时不得大于30m。不同管径的排水管在检查井中宜采用管顶平接的方法。

2. 检查井形式

(1)排水管道中直筒式排水检查井如图 2-10 所示。

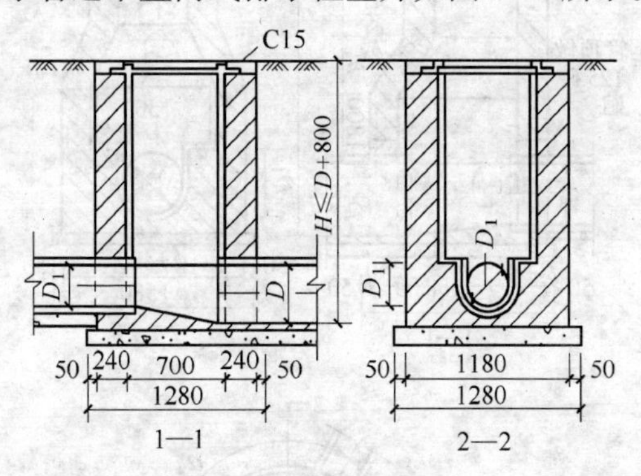

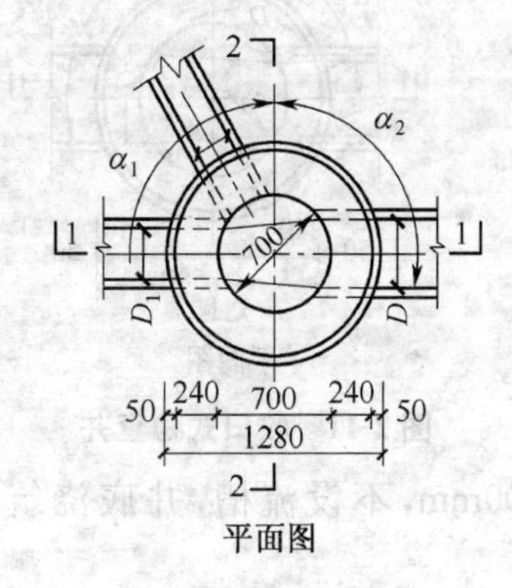

图 2-10　直筒式检查井

(2)收口式排水检查井如图 2-11 所示。

收口式检查井,收口段的高 h 应根据井径来确定,当井径为 1m 时,h 为 480mm;井径为 1.25m 时,h 为 840mm。

(3)单沟式单箅雨水口如图 2-12 所示。

3. 检查井直径

当检查井深度小于 3m 时,井径不小于 1.2m,深度大于 4.5m 时,井径不小于 1.4m。雨水检查井内外都用 1∶2 水泥砂浆抹面 20mm,井底设置砖砌流槽。雨水管检查井,当 $D\geqslant600$mm 时,井

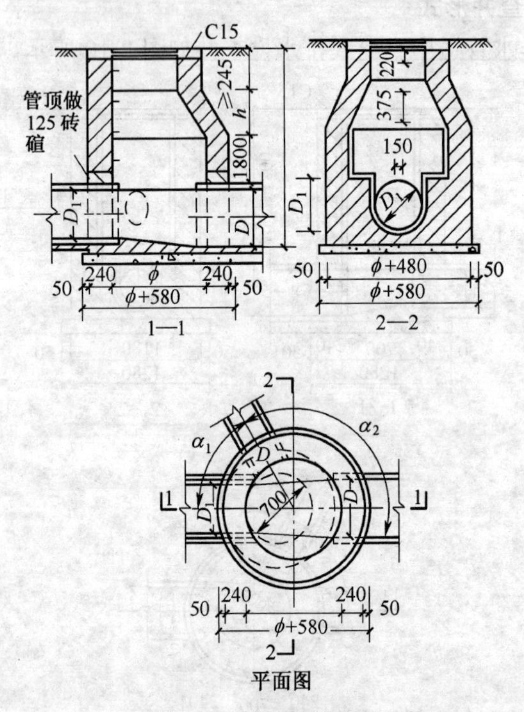

图 2-11　收口式检查井

内设流槽；$D<600$mm，不设流槽，井底浇筑 20mm 厚细石混凝土。

（二）检查井砌筑

施工前，进行平面及水准控制测量及复测，保证井中心位置高程及井距符合设计要求，并定出中心点，划出砌筑位置及标出砌筑高度，便于施工人员掌握。

（1）砌筑时，井底基础应和管道基础同时砌筑。

（2）砖砌圆形检查井时，应随时检查井的直径尺寸，到收口时，每次收进应不大于 30mm；如三面收进，每次最大部分不大于 50mm。

（3）检查井内的流槽，应在井壁砌到管顶以上时进行砌筑。流槽

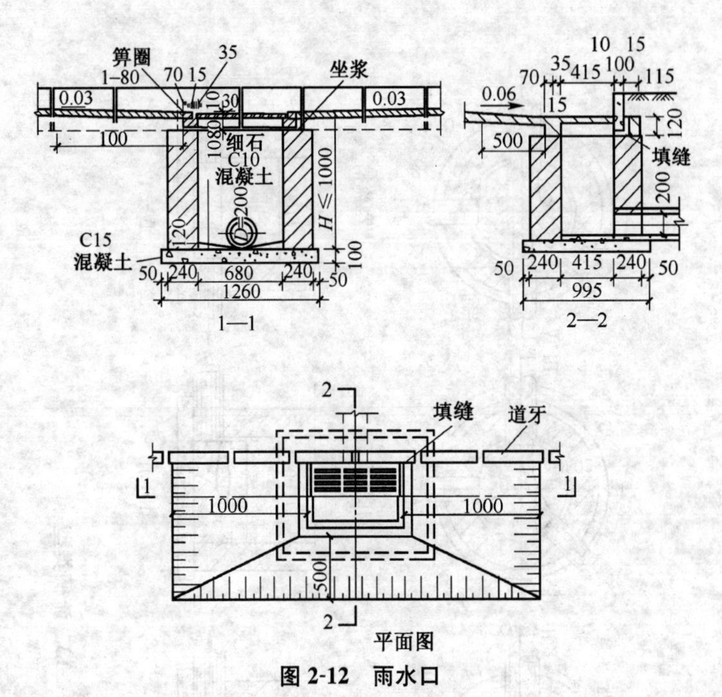

图 2-12　雨水口

的类型如图 2-13 所示。流槽与井壁同时砌筑，污水井流槽高度与管内顶平。井内流槽应平顺，不得有建筑垃圾等杂物。井内壁在流槽上方采用 20mm 厚 1∶2.5 水泥砂浆抹面。

(4)检查井预留支管应随砌随稳，其管径、方向、高度应符合要求。管与井壁接触处应用砂浆填实。

(5)检查井接入圆管时，管顶应砌砖拱。

(6)检查井砌筑完成后，应用水泥砂浆进行抹面。水泥砂浆的比例是水泥∶砂=1∶2.5。其厚度不得小于 20mm，并应压光压实。所用的砂子为粗砂。砂子应过筛水冲，除去砂中的泥块和细土。必要时还可加入一定量的防水剂。

(7)检查井和雨水口砌筑至规定高度后，应及时浇筑或安装井圈，盖好井盖。铸铁井盖及座圈安装时用 1∶2 水泥砂浆坐浆，并抹成三角形灰，井盖顶面与路面平。

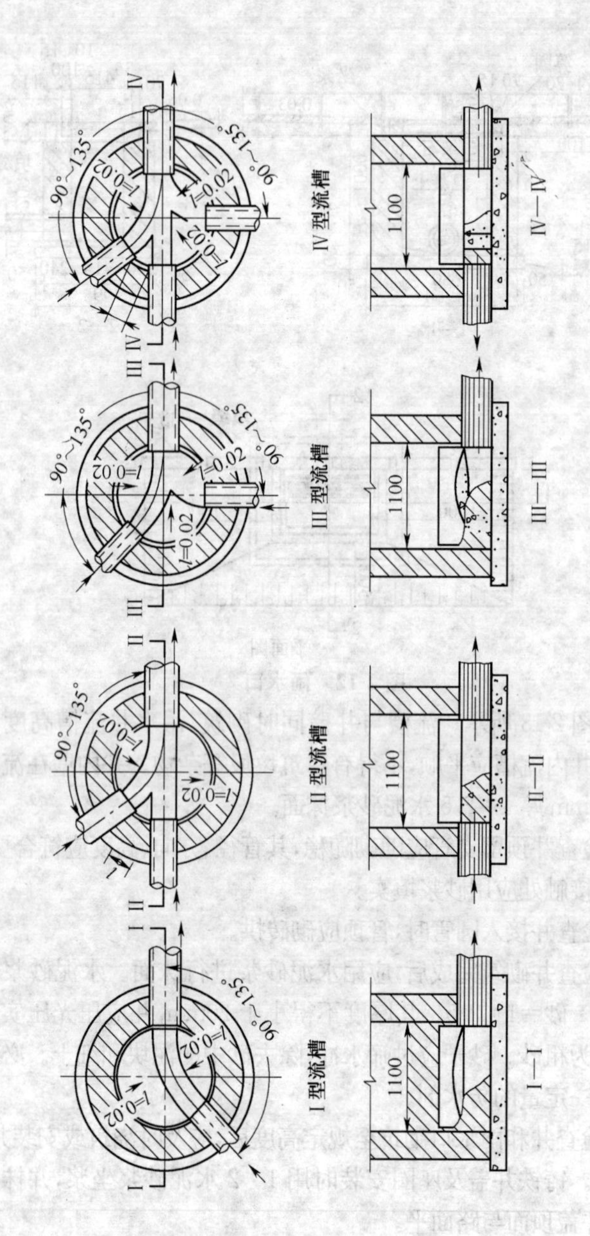

图 2-13 流槽类型

(8)如为塑料排水管时,也可以直接购买塑料检查井或玻璃钢检查井,直接安装即可。

二、化粪池的施工

(一)化粪池形状及工作原理

化粪池,就是将排出的人粪尿经过滤沉淀、厌氧发酵、固体物分解后再排入到排污管中到污水处理厂进行处理。任何未经处理的人粪尿是不准许直接排放到排水管中的。

化粪池一般是圆形或矩形,如图 2-14 所示。材料大多为普通砖砌成或混凝土浇筑而成。现在市场上也有塑料和玻璃钢化粪池,家庭使用的也可采用这类化粪池。

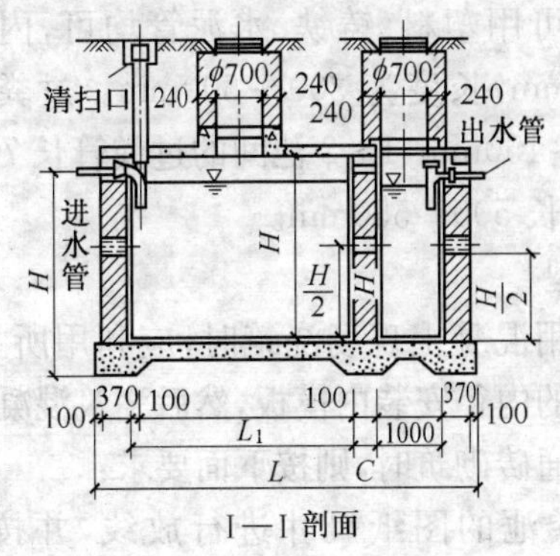

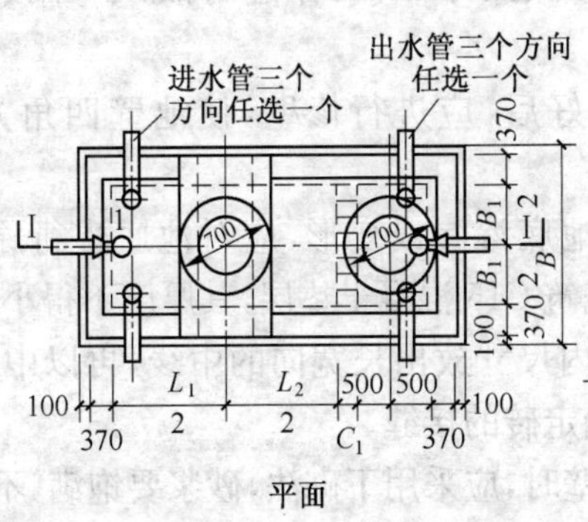

图 2-14 化粪池

三格化粪池由相连的三个池子组成，中间由过粪管联通，粪便在池内经过30天以上的发酵分解，中层粪液依次由1池流至3池，以达到沉淀或杀灭粪便中寄生虫卵和肠道病菌的目的，第3池粪液成为优质肥。

化粪池中1～3格容积比一般为2∶1∶3。

(二)化粪池施工

1. 化粪池结构

(1)三格化粪池厕所的地下部分结构由便器、进粪管、过粪管、三格化粪池、盖板五部分组成。便器：由工厂加工生产或自行预制，便器采用直通式，与进粪管连接。

(2)进粪管可用塑料、铸铁、水泥管均可，内壁光滑，防止结粪，内径为100mm，长度为300～500mm。过粪管：以塑料管为好，直径为100～150mm，1～2池间的过粪管长700～750mm，2～3池间的过粪管长500～550mm。

2. 制作成型

(1)化粪池用混凝土现场浇筑时，应利用所挖的池槽壁作为外模板，再按池的内径安装内模板，然后浇筑混凝土。

(2)如用普通砖砌筑时，则按下面要求：

①按照化粪池的图纸尺寸进行放线，并按灰线开挖池槽土方。

②池槽挖好后，应进行修壁，使池壁四角方正，壁面垂直平整。

③为防止池底渗漏或变形，应对池底进行原土夯实。夯实后，可在池底浇筑C15混凝土垫层，其厚度不得小于100mm。

④根据池内尺寸放出长宽向的中线，再以中线定出边线，然后摆砖排底，确定砖的接缝。

⑤砌筑池壁时，应采用丁砌法，砂浆要饱满，不得产生瞎缝。

⑥在砌筑时，应根据图纸要求正确放置过粪管，管的四周应坐浆填实。过粪管应斜向放置。

⑦池壁砌筑完成后，应用水泥砂浆进行抹面处理。抹面厚度不得小于30mm。表面应压光压实，不得有砂眼。

⑧粪池砌体安装完成后，应先将粪池盖盖好，再回填土并分层夯实。粪池的上沿要高出地面150mm，防止雨水流入化粪池。池盖大小要适宜，便于出粪清渣时的开启。

3. 使用

(1)新池建成确认无渗漏，养护两周后方能正式启用。

(2)及时清理粪皮和粪渣，在粪池内取出的粪渣须经堆肥法处理后再作肥料，第三池取出的粪水可直接用作肥料。

(3)保持化粪池盖板的密封性。

(4)也可按书中第四章中的利用三池化粪厕所提取沼气。

第五节　室外给水管道及消防栓安装

水是生命之源，是经济社会发展的命脉。我国在联合国千年发展目标提出后，采取了一系列重大措施，推动了饮水工程建设，由此，农村给水管道安装也成了新农村建设的一个主要内容。

一、给水管材料要求

1. 钢管

安装给水管道所用的钢管，应有出厂合格证。镀锌钢管内外壁的镀锌层应均匀，无锈蚀，内壁无飞刺。管件无偏扣、乱扣、丝扣不全或角度不正确等缺陷。

2. 阀门

阀门的型号规格应符合设计要求，并有出厂合格证。其外观应表面光滑，无裂纹、气孔、砂眼等缺陷。密封面与阀体接触应紧密，阀芯开关灵活，关闭严密，填料密封无渗漏。

3. UPVC塑料管

UPVC塑料管管壁应光滑，流体阻力小，密度低，安装方便可靠，且无毒，有良好的耐久性、耐腐蚀性。其使用寿命一般均在

50年以上，并有较强的耐压能力。

二、钢管的施工

1. 管沟的放线与开挖

根据给水管道的走向和管径大小确定基槽开挖的中心线、边线，以及分支管道和阀门、水表的安装位置。

开挖土方时，应人工开挖或用小型机械开挖，要求管沟壁垂直平整，沟底标高一定要控制好，不得产生超挖现象。因特殊情况超挖时，应根据超挖的不同程度采用相应的处理措施填平。

2. 管道安装

管道安装前，应根据设计和实际现状，正确测量和计算管段的长度进行下料和接口处理，并做好防腐工作。管道防腐可用沥青涂抹。

(1)管道铺设时，可将管道沿管线方向排放在管沟边上，再依次放到沟底。

(2)丝扣连接时，管道丝扣圆周处涂抹白厚漆，并缠好麻丝，用管钳旋紧。丝扣应外露2～3扣，安装完毕后调直，并要复核甩口的位置、方向、变径等情况，无误后将外露麻丝清除掉。所有管口应临时封堵。

(3)焊接连接时，应先修口清根。当壁厚大于4mm的管道对焊焊接时，管端口应加工成坡口。然后将两管点焊固定，调直后再焊满。焊缝应均匀饱满，无气孔、裂缝和脱焊等。

(4)管道附件安装位置和进出口方向应正确，连接牢固，朝向合理，启闭灵活。

三、UPVC管施工

1. 沟槽的开挖

根据埋地硬聚氯乙烯给水管道工程技术规程的规定和实践经验，当管径小于或等于63mm时，开挖的沟槽宽度为350mm；当管径大于63mm时，沟槽宽度为700mm。

管道的埋设深度应在本地区的冻土层以下。

挖好后的沟底要回填细砂 100 mm 厚。

2. 管道连接

(1)胶粘剂粘接。适用于管外径不大于 160mm 的管道连接。粘接前,管端应加工倒角,倒角坡度为 30°,倒角厚约为管材壁厚的 1/3,但不宜小于 3mm。用砂纸将承口和管端套接部分打毛,再均匀涂抹胶粘剂。插入时快速插到底部,同时适当旋转,以便胶粘剂能分布均匀,但旋转角度不宜超过 90°,并保持 30s 钟方可移动。

(2)弹性密封圈连接。适用于 63mm 以上规格的管材间的连接。管端倒角坡度为 15°,尖端厚度为管材壁厚的 1/3。为便于密封圈和管材套入,可涂敷适量肥皂水于凹槽、密封圈表面及管端。套接深度应比承口深度短 10～20mm。大口径管材,可用厚木板垫于管端,以木槌或铁棒击入,或用拉紧器拉紧。

(3)法兰接头连接。适用于 63mm 以上规格的管材间或管材与金属管间的连接。安装法兰接口的阀门和管件时,应采取防止造成外加拉应力的措施。口径大于 100mm 的阀门应设支墩。

(4)管道穿越水渠、公路时,应设钢筋混凝土套管,套管的最小直径为硬聚氯乙烯管管径加 60mm。

(5)硬聚氯乙烯管道在铺设过程中可以有适当的弯曲,但曲率半径不得大于管径的 300 倍。

3. 管沟回填

(1)管道安装与铺设完毕后应尽快回填土,回填的时间宜在一昼夜中气温最低的时刻。回填土中不应含有砾石、冻土块及其他杂硬物体。管沟的回填一般分两次进行。

(2)在管道铺设的同时,宜用砂土回填管道的两侧,一次回填高度宜为 100～150mm,捣实后再回填第二层,直至回填到管顶以上至少 100mm 处。在回填过程中,管道下部与管底间的空隙处必须填实。管道接口前后 200mm 范围内不得回填,以便试压观察。

(3)管道试压合格后可大面积回填,但应在管道内充满水的情况下进行。

4. 管道试压

(1)试压时注意事项:

①管道试压前,管顶以上回填土厚度不应少于 0.5m,以防试压时管道产生移位。

②粘接连接的管道须在安装完毕 48h 后才能进行试压。

③试压管段上的三通、弯头,特别是管端的盖堵的支撑要有足够的稳定性。若采用混凝土结构的止推块,试验前要有充分的凝固时间,使其达到额定的抗压强度。

④试压时,在向管道注水的同时,排掉管道内的空气,水应慢慢进入管道,以防发生气阻。

⑤试压合格后,须立即将阀门、消火栓、安全阀等处所设的堵板撤下,恢复这些设备的功能。

(2)管道的水压试验:

①管道充满水后,在无压情况下至少保持 12h。

②进行管道严密性试验。将管内水加压到 0.35MPa,并保持 2h。检查各部位是否有渗漏或其他不正常现象。为保持管内压力可向管内补水。

③严密性试验合格后,进行强度试验。管内试验压力不得超过设计工作压力的 1.5 倍,最低不应小于 0.5MPa,并保持试压 2h 或满足设计的特殊要求。

④试验后,将管道内的水放出。

(3)管道的冲洗和消毒:

①硬聚氯乙烯给水管道在验收前,应进行通水冲洗。冲洗水宜为浊度在 10mg/L 以下的净水,冲洗水流速应大于 2m/s。冲洗到出口处的水的浊度与进水相当为止。

②生活饮用水管道经冲洗后,还应用含 20～30mg/L 的游离

氯的水灌满管道进行消毒。含氯水在管中应留置24h以上。

消毒完毕后，再用饮用水冲洗，并经有关部门取样检验水质合格后，方可交工。

四、消防栓的安装

安全的消防栓应根据不同地区采用地下或地上的安装形式。地下形式多用于北方的寒冷地区；地上形式多用于南方温暖地区。

1. 地下消防栓的安装

(1)消防栓井内径应为1200mm，混凝土预制支墩的规格为240×150×300mm。

(2)消防栓顶部距室外地面为300～500mm。

(3)地下消防栓的安装如图2-15所示。

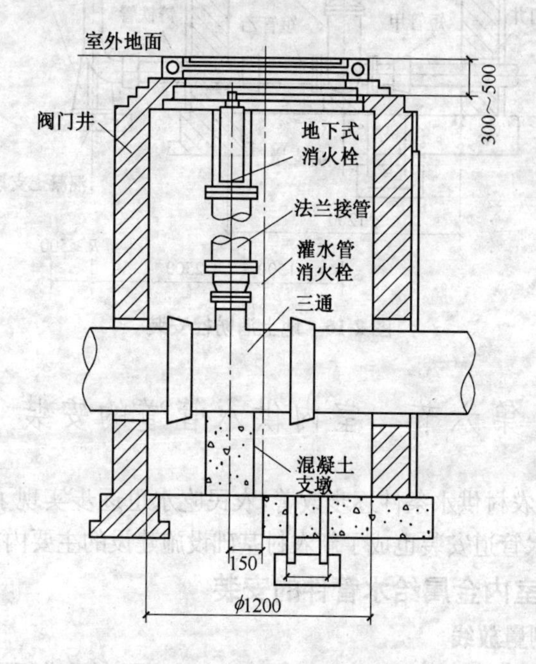

图2-15　地下消防栓安装

2. 地上消防栓的安装

(1)消防栓井内径应为 1200mm,阀门底下应用水泥砂浆砌筑成 300×300×300mm 的砖墩,弯管底座应用混凝土浇筑成 400×400×400mm 的支墩。支墩应设置在夯实的基层上。

(2)地面上消防栓口距地面 450mm,其朝向应易于操作和维修。

(3)地面上消防栓的安装应按图 2-16 所示。

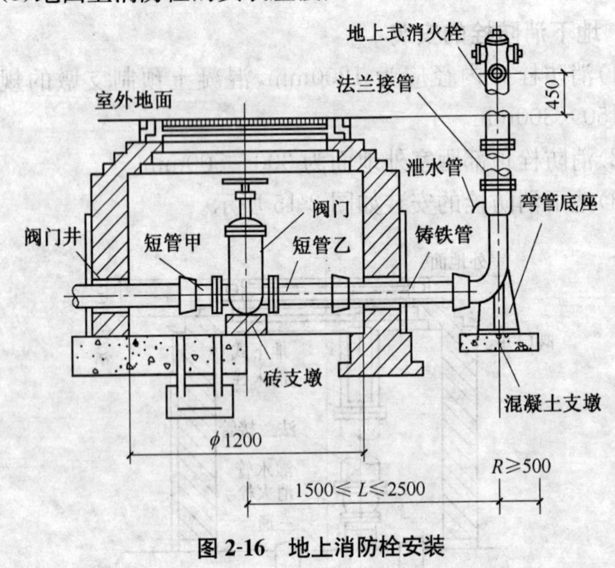

图 2-16 地上消防栓安装

第六节 室内供水管道的安装

随着农村供水条件逐步改善,农民吃水也逐步实现了自来水。所以,供水管道安装也成了新农村基础设施建设的主要内容。

一、室内金属给水管件的安装

1. 测量放线

根据施工图的设计要求和家庭用水的实际布局进行测量放线,

确定管道及管道支架位置，并在结构部位做好标志。

2. 固定设施的安装

(1)管卡的间距。按不同管径和要求设置相应管卡，位置应准确，埋设应平整，管卡与管道接触应紧密。滑动支架应灵活，滑托与滑槽两侧间应留有 3～5mm 的间隙，纵向移动量应符合设计要求。无热伸长管道的吊架、吊杆应垂直安装；有热伸长管道的吊杆、吊架应向热膨胀的反方向偏移。固定的支架、吊架应有一定的强度和刚度。

钢管水平安装的支架、吊架的间距应符合表 2-1 的规定。

表 2-1　钢管管道支架的最大间距　(m)

公称直径 /(mm)		15	20	25	32	40	50	70	80	100	125	150	200	250	300
支架的最大间距	保温管	2	2.5	2.5	2.5	3	3	4	4	4.5	6	7	7	8	8.5
	不保温管	2.5	3	3.5	4	4.5	5	6	6	6.5	7	8	9.5	11	12

铜管垂直或水平安装的支架间距应符合表 2-2 的规定。

表 2-2　铜管管道支架的最大间距　(m)

公称直径 /(mm)		15	20	25	32	40	50	65	80	100	125	150	200
支架的最大间距	垂直管	1.8	2.4	2.4	3.0	3.0	3.0	3.5	3.5	3.5	3.5	4.0	4.0
	水平管	1.2	1.8	1.8	2.4	2.4	2.4	3.0	3.0	3.0	3.0	3.5	3.5

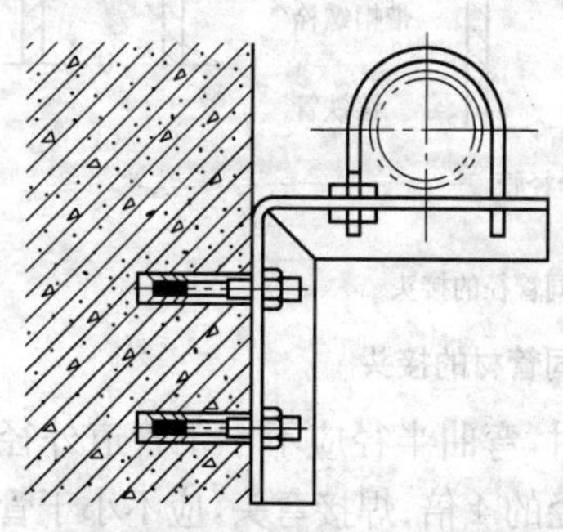

图 2-17　膨胀螺栓固定支架

(2)支架的固定。支架的固定方法有直接埋入法、预先埋置法、膨胀螺栓固定法，或用射钉固定等方法。膨胀螺栓固定法示意如图 2-17 所示。

3. 干管管道安装

(1)给水铸铁管管道安装。首先清除承接口内侧、插口外侧端头的防腐材料及污物，并将承插口排列朝来水方向，连接的对口间隙应不小于1mm。

采用水泥接口时，将油麻绳拧成麻花状后用钢钎压入承插口内，然后采用32.5强度等级的水泥，水灰比为1∶9的水泥灰进行填压处理，填压时随填随捣实，直至将承插口填满，并养护48h。

给水铸铁管与镀锌钢管连接时，应按图2-18所示的方法。

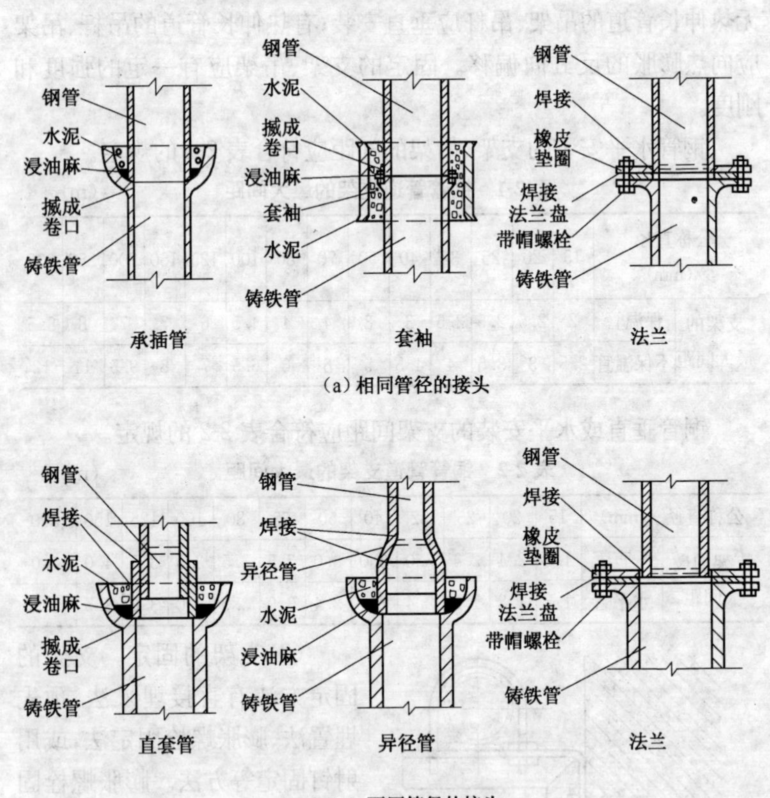

图2-18　不同管材的接头

(2)钢管的弯制。热弯钢管时，弯曲半径应不小于管道外径的3.5倍；冷弯时，应不小于管道外径的4倍；焊接弯头，应不小于管道外径的1.5倍；冲压弯头，应不小于管道外径。

(3)镀锌管的安装。管道采用螺纹连接时,螺纹的加工应无断丝或缺丝现象;接口处无生料带、油麻外露现象,丝扣外露 2～3 扣。

管径在 100mm 以下的管道宜用法兰连接。法兰应垂直于管子中心线,其表面应相互平行,对接紧密;螺母应在同一侧,螺杆露出螺母的长度应一致,且不大于螺栓直径的 1/2;法兰中间的衬垫应采用橡胶垫,热水供应管则应用橡胶石棉垫。衬垫不得进入管内或凸出到管外。

管道穿越结构伸缩缝、抗震缝及沉降缝敷设时,应在墙体两侧采取柔性连接,或在管道或保温层外皮上、下部留出不小于 150mm 的净空,或在穿墙处做成方形补偿器,水平安装。

室内同时安装有冷、热供水管时,上下应平行,热水管应在冷水管的上面。

(4)立管的安装。当立管为明装时,每层从上至下统一吊线安装卡件。外露丝扣和镀锌层破坏处刷好防锈漆。立管阀门安装的朝向应便于操作和维修。

当为暗装时,竖井内立管安装的卡件位置应按设计要求,安装在墙内的立管应在结构施工中预留管槽,立管安装时要垂直方正。

立管管外皮距墙面的间距应符合表 2-3 的规定。

表 2-3　立管管外皮距墙面的间距　(mm)

管径 /(mm)	32 以下	32～50	75～100	125～150
间距	20～25	25～30	30～50	60

立管管卡的安装应结合楼层高度进行安装:楼层高度小于或等于 5m,每层必须安装 1 个;楼层高度大于 5m,每层不得少于 2 个。管卡安装高度,距地面应为 1.5～1.8m,2 个以上管卡应匀称安装,同一房间管卡应安装在同一高度上。

(5)支管安装。支管明装时如果安装水表,应先装上连接管,进行试压、冲洗合格后在交工前拆下连接管,再安装水表。

水表安装在便于检修、不受曝晒、无污染、不易冻结的地方;明装在管内的分户水表,表外壳距墙表面不得大于30mm,表前后的直线段管长应不大于300mm。

管道嵌墙直接埋设时,应在砌墙时预留凹槽。凹槽的深度等于管外径加20mm,宽度为管外径加40~60mm。凹槽用M7.5水泥砂浆填补密实。

管道在楼地面层内直接埋设时,预留的管槽深度不应小于管外径加20mm,管槽宽度应为管外径加40mm。

管道穿墙时可预留孔洞,墙管或孔洞内径应为管外径加50mm。

室内同时安装有冷、热供水管时,如垂直安装时,热水管应在冷水管面向的左侧。

(6)管道冲洗、通水试验。管道系统必须进行冲洗,冲洗水应采用生活饮用水,流速不得小于1.5m/s。当出水水质与进水水质透明度一致时方为合格。

系统冲洗完毕后应进行通水试验,按给水系统的1/3配水点同时开放,各排水点应通畅,接口处无渗漏。

二、铝塑复合给水管件安装

1. 管道敷设

(1)室内明装。铝塑管道的敷设部位应远离热源,与炉灶间的距离不小于400mm;不得在炉灶或火源的正上方敷设水平铝塑管道。

管道不允许敷设在排水沟、烟道及风道内,不允许穿越大小便槽、木装修、壁柜等处;应避免穿越建筑物的沉降缝,如必须穿越时应有相应的措施。

(2)管道暗设。直埋敷设的管道外径不应大于25mm。嵌墙敷设的横管距地面的高度应大于450mm,且应遵循热水管在上,冷水管在下的原则。

管道嵌墙暗装时,管材应设在凹槽内。凹槽的深度应为管外径加20mm,宽度为管外径加20~60mm。

在用水器具集中的卫生间，可以采用分水器配水，并使各支管以最短距离到达各配水点。管道埋地敷设部分严禁有接头。

管道与其他金属管道平行敷设时，应有一定的保护距离，一般净距不宜小于100mm，且在金属管道的内侧。

管外径不大于32mm的管道，在直埋或非直埋敷设时，均可不考虑管道轴向伸缩补偿。

2. 管道连接

管道连接前，应对材料的外观和接头的配件进行检查，并清除管道和管件内的污垢和杂质。当采用卡压式时，应用卡钳压紧。当用螺纹挤压式时，接头与管道之间加塑料密封垫层，采用锥形螺母挤压形式密封，不得拆卸，它适用于32mm以下管径的管道连接。

铝塑复合管与其他管材、卫生器具金属配件、阀门连接时，用管螺纹连接，并采用带钢内丝或铜外丝的过渡连接。

采用卡套连接时，应用于管径32mm以下的管道。连接时，按设计要求的管径和现场复核后的管道长度截断管道，管口端面应垂直于管轴线。用专用刮刀将管口处的聚乙烯内层刮为坡口形式，坡角为20°～30°，深度为1～1.5mm。将锁紧螺母、C形紧箍环套在管子上，用整圆器将管口整圆；用力将管芯插入管内，至管口达管芯根部。将C形紧箍环移至距管口0.5～1.5mm处，再将锁紧螺母与管件本体拧紧。

3. 卡架固定

管道安装时，应按不同管径和要求设置管卡或支、吊架，位置应准确，埋设应平整牢固。

所用的管卡应为管材生产厂商配套的产品。

三、PP-R供水管件的安装

供水系统所用的PP-R供水管件，应有质量检验部门的产品合格证、卫生防疫部门的检验合格证、检测单位的检测报告。

管道安装前应测量好管道的坐标、标高、坡度线。

1. 管道的安装

管道嵌墙直接埋设时，应在砌墙时预留凹槽。凹槽的深度等于管子外径加20mm，凹槽宽度为管子外径加40～60mm，凹槽表面须平整。管道安装固定、试压合格后，用M7.5水泥砂浆填补凹槽。

管道在楼地面层内直接埋设时，预留的管槽深度不应小于管子外径加20mm，管槽宽度为管子外径加40mm。

管道安装时，不得有轴向扭曲。供水PP-R管道与其他金属管道平行敷设时，应有一定的保护距离，净距离不应小于100mm，且PP-R管应在金属管道的内侧。

管道穿越楼板时，应设置内径为供水管外径加30～40mm的硬质套管，套管高出地面20～50mm；管道穿越屋面时，应采取严格的防水措施。

管道敷设穿越墙体时，应配合土建施工设置硬质套管，套管两端应与墙体的装饰面持平。

2. 房屋埋地引入管和室内埋地管的铺设

房屋埋地引入管和室内埋地管的铺设应符合下列要求：

(1)室内地坪±0.000以下管道铺设应先铺设至基础墙外壁500mm为止，然后进行室外管道的铺设。室内管道的铺设应在回填土回填夯实后重新开沟，必要时管底可铺设100mm的砂垫层。室内管道的埋深不小于300mm。

(2)管道穿越基础墙时，应设置金属套管。套管顶部与基础墙预留孔的孔顶应有一定的空间距离，该距离应按建筑物的沉降量确定，但不小于100mm。

(3)管道穿越车行道路时，覆盖土厚度不应小于700mm，达不到此厚度必须采取相应的保护措施。

3. 管道的连接

(1)同种材质的PP-R管材和管件之间，应采用热熔连接或电熔连接。熔接时应使用专用的热熔或电熔焊接机具。直埋在墙体内或地面内的管道，必须采用热熔或电熔连接。

(2)PP-R 管材与金属管件相连接时，应采用带金属嵌件的 PP-R 管件作为过渡，该管件与 PP-R 管材采用热熔或电熔连接，与金属管件或卫生器具的五金配件采用丝扣连接。

(3)管道采用法兰连接时，法兰盘上有止水线的面应相对。连接的法兰应垂直于管道中心线，表面应相互平行。法兰上的衬垫应为耐热无毒橡胶垫。法兰连接时，应使用同规格的螺栓，安装方向应一致，紧固好的螺栓应露出螺母之外，应平齐，螺栓件应为镀锌件，紧固螺栓时不得产生轴向拉力。法兰连接部位均应设置支架或吊架。

第七节　室内排水管道安装

有供就有排，所以，室内排水也是管道安装的主要部分。如果室内排水的管道产生漏水和渗水，则会对房屋的安全性产生较大影响。

一、排水管件安装

(一)排水干管的安装

安装金属排水管时，将预制好的管段放到已经夯实的回填土上或管沟内，按照水流方向从排出位置向室内顺序排列，并根据施工图上的坐标、标高调整位置和坡度加设临时支撑，在承插口的位置挖好工作地坑。

在捻口前，先将管段调直。各立管及首层卫生器具甩口找正，用钢钎把拧紧的表麻打进插口，再将水灰比为 1∶9 的水泥捻口灰自下而上地填入，边填边捣实，灰口凹入承口边缘不大于 2mm。

金属类排水管道坡度应符合设计要求，设计无要求时应符合表 2-4 中的规定。

排出管安装时，先检查基础或外墙预埋防水套管尺寸、标高，将洞口清理干净，然后从墙边使用双45°弯头或弯曲半径不小于4倍管径的90°弯头，与室内排水管相连接，再与室外排水管连接，伸到室外。

表2-4 金属类排水管道坡度

项次	管径（mm）	标准坡度（‰）	最小坡度（‰）
1	50	35	25
2	75	25	15
3	100	20	12
4	125	15	10
5	150	10	7
6	200	8	5

金属排水管道上的吊钩或卡箍应固定在承重结构上。横管固定件的间距不大于2m；立管固定件的间距应大于3m。楼层高度小于或等于4m时，立管可安装1个固定件。

安装非金属排水管件时，一般采用承插式粘接连接方式。承插粘接时，将配好的管材与配件先进行试插，使承口插入的深度符合要求，不得过紧或过松。试插合格后，用毛刷涂抹粘胶剂，随即用力垂直插入，同时将插口转动90°，使粘接剂分布均匀，约1min即可粘接牢固。当管上有多个接口时应注意预留口的方向。

如果最底层排水横支管必须与立管连接时，可采取在排出管与立管底部转弯处加大一号管径，如图2-19所示，下部转弯处应用两个45°的弯头。

当排水立管在中间层竖向拐弯时，排水支管与立管用横管连接，如图2-20所示。

埋入地下时，按设计标高、坐标、坡向、坡度开挖槽沟并将基土夯压密实。

管道的坡度应符合设计要求，设计无要求时，应符合表2-5的规定。

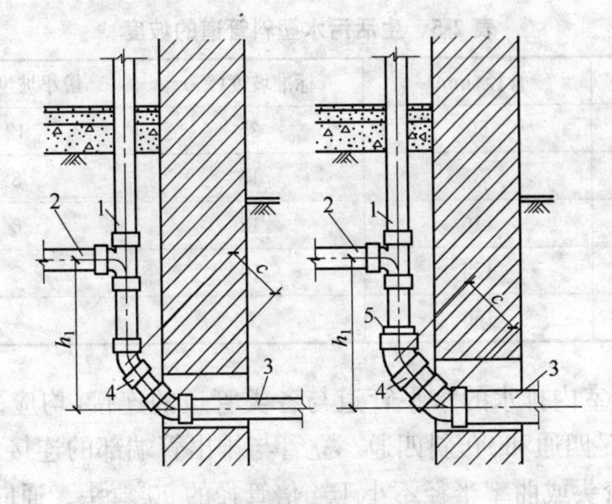

图 2-19　立管排出口做法

1. 排水立管　2. 最底层排水横干管　3. 排出管　4. 45°弯头　5. 异径管

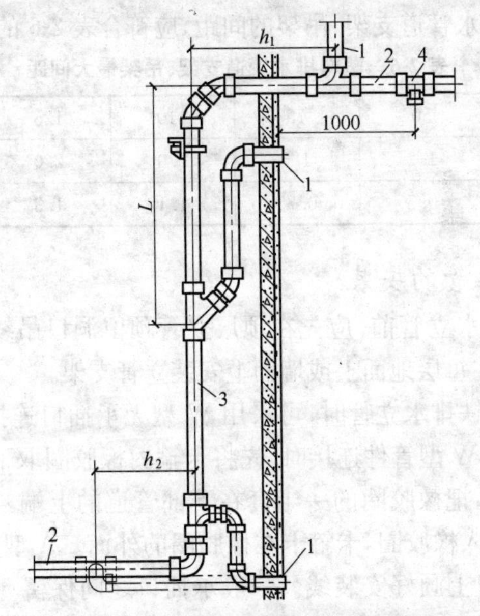

图 2-20　排水支管与立管、横管的连接

1. 排水支管　2. 排水横管　3. 排水立管　4. 立管检查口

表 2-5 生活污水塑料管道的坡度

项次	管径(mm)	标准坡度(‰)	最小坡度(‰)
1	50	25	12
2	75	15	8
3	110	12	6
4	125	10	5
5	160	7	4

用于室内排水的水平管道与各类管道的连接,均应采用 45°三通或 45°四通和 90°斜四通。立管与排出管端部的连接,应采用 2 个 45°弯头或曲率半径不小于 4 倍管径的 90°弯头。通向室外的排水管,穿过墙壁或基础应采用 45°三通和 90°弯头连接,并应在垂直管段的顶部设置清扫口。

塑料排水管道支架、吊架的间距,应符合表 2-6 的规定。

表 2-6 塑料排水管道支架、吊架最大间距 (m)

管径(mm)	50	75	110	125	160
立管	1.2	1.5	2.0	2.0	2.0
横管	0.5	0.75	1.1	1.3	1.6

(二)立管的安装

安装排水立管前,应先在顶层立管预留洞口吊线,找准立管中心位置,在每层地面上或墙面上安装立管支架。

安装铸铁排水立管时,可采用 W 型无承插口连接和 A 型柔性接口。用 W 型管件连接时,先将卡箍内橡胶圈取下,把卡箍套入下部管道,把橡胶圈的一半套在下部管道的上端,再将上部管道的末端套入橡胶圈,卡箍卡在橡胶圈的外面。A 型柔性接口连接时,在插口上画好安装线。一般承插口之间保留 5～10mm 的空隙,在插口上套入法兰压盖及橡胶圈。橡胶圈与安装线对齐,将插口插入承口内,然后压上法兰压盖,拧紧螺栓。如果 A 型和

W 型接口与刚性接口连接时,先把 A 型或 W 型管的一端直接插入承口中,用水泥捻口的形式做成刚性接口。

安装塑料排水立管时,首先清理预留的伸缩节,将螺母拧下,取出橡胶圈。立管插入事先计算好的插入长度时应做好标志,然后涂上肥皂液,套上螺母及橡胶圈,将管端插到标志处锁紧螺母。

排水立管中心距离墙面为 100～120mm,立管距离灶边净距不得小于 400mm,与供暖管道的净距不得小于 200mm,且不得因热辐射导致管外壁温度高于 40℃。

管道穿越楼板处为非固定支承点时,应加设金属或塑料套管,套管内径可比穿越管外径大两个管径。在厕厨间套管高出地面不得小于 50mm,在居住间为 20mm。

(三)配件的安装

1. 清扫口的安装

在连接 2 个及 2 个以上大便器或 3 个及 3 个以上卫生器具的污水横管上应设置清扫口。当污水管在楼板下悬吊敷设时,可将清扫口设在上一层地面上,污水管起点的清扫口与管道相垂直的墙面距离不得小于 200mm;若污水管起点设置堵头代替清扫口时,与墙面距离不得小于 400mm。在转角小于 135°的污水横管上,应设置清扫口。污水横管的直线管段,应按设计要求的距离设置清扫口。安装在地面上的清扫口顶面必须与地面相平。

2. 检查口的安装

立管检查口每隔一层应设置 1 个,但在最低层和卫生器具的最上层必须设置。如为两层建筑时,可在底层设置检查口。如为乙字管,则在乙字管上部设置检查口。暗装立管,检查口应安检修门。

埋在地下或地板下的排水管道的检查口,应设在检查井内。井底表面标高与检查口的法兰相平,井底表面应有 5%坡度,并坡向检查口。

3. 伸缩节的安装

排水塑料管必须安装伸缩节，如设计无要求时，伸缩节间距不得大于4000mm。如果立管连接件本身具有伸缩功能的，可不再设伸缩节。

管端插入伸缩节处预留的间隙为：夏季5～10mm；冬季15～20mm。

排水支管在楼板下方接入时，伸缩节应设置于水流汇合管件之下；排水支管在楼板上方接入时，伸缩节应设置于水流汇合管件之上；立管上无排水支管时，管子的任何地方均可设伸缩节；污水横支管超过2000mm时，应设伸缩节。

当层高小于或等于4000mm时，污水管和通气立管应每层设一伸缩节，当层高大于4000mm时，应根据管道设计伸缩量和伸缩节处最大允许伸缩量确定。伸缩节位置应靠近水流汇合管件附近。伸缩节有橡胶圈的承口端应逆向水流方向，朝向管路的上流侧。

立管在穿越楼层处固定时，在伸缩节处不得固定；在伸缩节固定时，立管穿越楼层处不得固定。

4. 透气帽安装

经常上人的屋面，屋面上透气帽应高出屋面净空2000mm，并设置防雷装置；非上人屋面应高出屋面300mm，但不得小于本地区最大积雪厚度。

在透气帽周围4000mm内有门窗时，透气帽应高出门窗顶600mm或引向无门窗一侧。

5. 管道阻火圈或防火套管的安装

立管管径大于或等于110mm时，在楼板贯穿的部位应设置阻火圈或长度不小于500mm的防火套管。

管径大于或等于100mm的横支管与暗设立管相连接时，墙体贯穿部位应设置阻火圈或长度不小于300mm的防火套管，且防火套管的明露部分长度不宜小于200mm。

横干管穿越防火区隔墙时，管道穿越墙体的两侧应设置阻火圈或长度不小于 500mm 的防火套管。

二、室内热水供应系统安装

（一）管道安装

采用铜管时，可以采用专用的铜管接头或焊接连接。当管径小于 22mm 时宜采用承插或套管焊接，承口应朝向介质流向；当管径大于或等于 22mm 时应采用对口焊接。铜管切断时，切断面必须与铜管的中心线垂直。

铜管冷压连接时，应采用专用压接工具，管口断面应垂直平整无毛刺，管材插入管件的过程中，密封圈不得扭曲或变形，压接时，卡钳端面应与管件轴线垂直，达到规定压力后再延时 2s 左右。

采用法兰连接时，所用的垫片应为耐温夹布橡胶板或铜垫片，法兰连接应采用镀锌螺栓，对称拧紧。

铜管采用钎焊时，一般焊口采用搭接形式。搭接长度为管壁厚度的 6～8 倍；管道的外径小于或等于 25mm 时，搭接长度为管道外径的 1.2～1.5 倍。当钎焊外径不大于 55mm 铜管时，选用氧-丙烷火焰焊接操作，大于 55mm 的管，可采用氧-乙炔火焰，并均应采用中性火焰焊接。钎焊时铜管与管件间的装配间隙应符合规定。

采用镀锌管安装时，可参考金属给水管道的安装。

（二）热水管道安装注意事项

当管道穿越墙体或楼板时，均要加装套管及固定支架。安装伸缩器前应做好预拉伸，待管道固定卡件完成后再除去预拉伸的支撑物，其低点应有泄水装置。

热水立管和装有 3 个或 3 个以上配水点的支管始端，以及阀门后面，应按水流方向设置可拆卸的连接活件。热水立管应设管卡，高度距地面 1.5～1.8m。热水支管安装前应核定各用水器具热水预留口的高度、位置。

当冷、热水管上下平行安装时，热水管在冷水管的上方；左右平行安装时，热水管在冷水管的左侧安装。冷、热水管平行及竖向安装时的间距宜为100～120mm。当在卫生器具上安装冷、热水龙头时，热水龙头安装在左侧。

（三）阀门及安全阀的安装

1. 阀门的安装

阀门安装前应进行强度和严密性试验，试验时按批次抽查10%，且不少于1个，合格后方准安装。对于安装在主干管上起切断功能的阀门，应逐个试验。

进行强度试验时，试验压力应为公称压力的1.5倍，阀体和填料处无渗漏为合格。严密性试验时，试验压力为公称压力的1.1倍，阀芯密封面不漏为合格。

2. 安全阀安装

安装的安全阀垂直度应符合要求，发生倾斜时，应校正至垂直。

弹簧式安全阀要有提升手把和严禁随意拧动调整螺栓的限定装置。

调校条件不同的安全阀，在热水管道投入试运行时，应及时进行调校。

安全阀的最终调整应在系统上进行，开启压力和回座压力应符合设计规定。

安全阀最终调整合格后，应重新进行铅封。

3. 管道冲洗

热水供应系统竣工后必须进行冲洗。冲洗时应用自来水连续进行，冲洗时的最大流量应为设计的最大流量，或者以不小于1.5m/s的流速进行冲洗，直到出水口的水色与进水时目测一致为准。

三、管道安装的检查

1. 通球试验

立管、干管和卫生洁具安装后，必须进行通球试验。通球试验时可根据立管直径选择可击碎的小球，球径为管径的 2/3，从立管端投入小球，在干管检查口或室外排水口处观察，小球出现为合格。对干管通球试验时，从干管起始端投入塑料小球，并向干管内通水，在户外的第一个检查井处观察，小球被水冲出为合格。

2. 灌水试验

灌水试验前先将排出管的末端封堵严密，从管道的最高点进行灌水。灌水高度不低于卫生器具的上边缘或地面高度，满水 15min 水面下降后，再灌满观察 5min，液面不降、管道接口无渗漏为合格。试验合格后进行验收，然后隐蔽或回填。回填土必须分层进行，每层 150mm。

暗装或铺设于垫层中及吊顶内的排水支管安装完毕后，在隐蔽之前做灌水试验；高层建筑应分区、分段、再分层试验，试验时先打开立管检查口，测量好检查口至水平支管下皮的距离，并做好标记。将胶囊从检查口放入立管中，到达标记后向气囊充气，然后向立管连接的第一个卫生器具内灌水，灌到器具边沿下 5mm 处，停 15min 后再次将液面灌满，观察 5min 液面不降为合格。

第三章　新农村用水设施的规划与施工

水是重要的自然资源，是人类生存的生命线，是实现可持续发展的重要物质基础。开发好，利用好，保护好水资源是每个公民应尽的职责和义务。随着人类社会的发展、科学的进步，水的供需矛盾越来越突出。为了满足城乡居民生活用水，就要按照综合平衡、保护生态、厉行节约、合理开源的原则做好新农村的用水规划。

第一节　新农村的用水规划

大自然给予人类的水源可分为地下水和地表水两大类。地下水有深层、浅层两种。一般来说，地下水由于经地层过滤且受地面气候及其他因素的影响较小，因此它具有水清、无色、水温变化幅度小、不易受污染等优点。

一、水源选择的原则

水源选择的首要条件是水量和水质。当有多个水源可供选择时，应通过全面衡量，并符合如下原则：

1. 水源的水量必须充沛

天然河流的取水量应不大于河流枯水期的可取水量；地下水源的取水量应不大于可开采储量。同时还应考虑到工业用水和农业用水之间可能发生的矛盾。

2. 水源具有较好水质

水质良好的水源有利于提高供水质量，可以简化水处理工艺，减少基建投资和降低供水成本。符合卫生要求的地下水，应优先作为生活饮用水源，按照开采和卫生条件，选择地下水源时，通常按泉水、承压水、潜水的顺序。

3. 布局紧凑

地形较好、村庄密集的地区，应尽可能选择一个或几个水源，实施区域集中供水，这样既便于统一管理，又能为选择理想的水源创造条件。如农村的地形复杂、布局分散则应实事求是地采取分区供水或分区与集中供水相结合的形式。

4. 综合考虑、统筹安排

要考虑施工、运转、管理、维修的安全经济问题；并且还应考虑当地的水文地质、工程地质、地形、环境污染等问题。

坚持开源节流的方针，统筹于水资源利用的总体规划，协调与其他部门的关系。要全面考虑、统筹安排，做到合理化综合利用各种水源。

二、水厂的平面布置

在农村建设水厂是农村经济发展的需要，是保障村民生活的必然选择。

（一）水厂的平面布置

水厂的平面布置应符合“流程合理，管理方便，因地制宜，布局紧凑”的原则。采用地下水的水厂，因生产构筑物少，平面布置较为简单。采用地表水的水厂通常由生产区、辅助生产区、管理区、其他设施所组成。水厂中绿化面积不宜小于水厂总面积的20%。进行水厂平面布置时，最先考虑生产区的各项构筑物的流程安排，所以，工艺流程的布置是水厂平面布置的前提。

水厂工艺流程布置的类型主要有下列三种：

1. 直线型

它的特点是：从进水到出水整个流程呈直线状。这样，生产联络管线短，管理方便，有利于扩建，特别适用于大、中型水厂。

2. 折角型

当进出水管的走向受到地形条件限制时，可采用此种布置类型。其转折点一般选在清水池或吸水井处，使澄清池与过滤池靠近，便于管理，但应注意扩建时的衔接问题。

3. 回转型

这类型式适用于进出水管在同一方向的水厂，常在山区小水厂中应用。此种布置类型缺点是近、远期结合较困难。

(二)农村水源保护

1. 水源保护措施

尽管在农村规划时选择水源经过了水文地质勘测和经济技术论证，在一定时段内，也能满足农村用水需要，但随着经济发展，用水量的增长和水污染的加剧，会出现水源水量减少和水质恶化的情况。所以，在开发利用水源时，必须采取保护措施，做到利用与保护相结合。对水源进行保护，应采取以下措施：

(1)正确分析评价农村的水资源量，合理分配各村民和村办企业所需水量，在首先保证城镇生活用水和工业生产用水的同时，兼顾农业用水。

(2)合理布局农村功能区，减轻污水、废水对水源的污染。

(3)科学开采地下水源，合理布置井群，开采量严格控制在允许开采量以内。

(4)合理规划水源布局，结合环境卫生规划，提出防护要求和防护措施；并在村区域范围内做好水土保持工作。

2. 地表水源的卫生防护

水源的水质关系到农村居民的身体健康和农村的经济发展，特别是饮用水水源，更应妥善保护。水源的卫生保护应符合如下要求：

(1)取水点周围半径100m的水域内，严禁捕捞、停靠船只、游泳和从事可能污染水源的任何活动，并应设明显的范围标志。

(2)取水点上游100m至下游100m的水域，不得排入工业废水和生活污水，其沿岸防护范围内不得堆放废渣，不得设立有害化学物品仓库、堆站或装卸垃圾、粪便和有毒物品的码头，沿岸农田不得使用工业废水或生活污水灌溉及施用持久性剧毒的农药，不得从事放牧等有可能污染该段水域水质的活动。

供生活饮用的水库和湖泊，应根据不同情况的需要，将取水点周围部分水域或整个水域及其沿岸划为卫生防护地带，并按上述要求执行。

(3)在水厂生产区或单独设立的泵站、沉淀池和清水池外围10m范围内，不得设立生活居住区和修建禽畜饲养场、渗水厕所、渗水坑；不得堆放垃圾、粪便、废渣或铺设污水渠道；应保持良好的卫生状况，并充分绿化。

(4)以河流为给水水源的集中式给水，应把取水点上游1000m以外的一定范围河段划为水源保护区，严格控制上游污染物排放量，以保证取水点的水质符合饮用水水源水质要求。

3. 地下水源的卫生防护

地下水源各级保护区的卫生防护规定按下列要求：

(1) 取水构筑物的防护范围，应根据水文地质条件、取水构筑物的形式和附近地区的卫生状况确定。其防护措施应按地面水厂生产区要求执行。

地下取水构筑物，按其构造可分为管井、大口井、辐射井、渗渠等。

(2)在单井或井群影响半径范围内，不得使用工业废水或生活污水灌溉和施用有持久性毒性或剧毒的农药，不得修建渗水厕所、渗水坑以及堆放废渣或铺设污水渠道，并不得从事破坏深层土层的活动。

当取水层在水井影响半径内不露出地面或取水层与地面水没有互相补充关系时，可根据具体情况设置较小的防护范围。

(3)在水厂生产区的范围内，应按地表水厂生产区的要求执行。

(4)分散式给水水源的卫生防护地带，水井周围30m的范围内，不得设置渗水厕所、渗水坑、粪坑、垃圾堆和废渣堆等污染源，并建立卫生检查制度。

第二节 水窖的建造施工

生活在我国西北黄土高原的部分地区农村居民，由于自然和历史的原因，极度缺水困扰着村民的生活，影响着他们的身心健康。实施水窖工程是解决这些村民生产生活用水的最有效途径。

水窖是一种隐蔽于地下的蓄水设施，在土质地区和岩石地区都有应用。

在土质地区的水窖可分为圆柱形、瓶形、烧杯形、坛形等，其防渗材料可采用水泥砂浆抹面、黏土或现浇混凝土；岩石地区水窖一般为矩形宽浅式，多采用石材砌筑。

根据形状和防渗材料，水窖形式可分为：黏土水窖、水泥砂浆薄壁水窖、混凝土盖板水窖、砌砖拱顶薄壁水泥砂浆水窖等。其主要根据当地土质、建筑材料、用途等条件选择。表3-1是各类水窖的适用条件。

表 3-1 水窖构造参考

水窖形式	适用条件	总深度(m)	旱窖直径(m)	最大直径(m)	底部直径(m)	最大容积(m^3)
黏土水窖	土质较好	0.8	4.0	4.0	3～3.2	40
薄壁水泥砂浆水窖	土质较好	7～7.8	25～3.0	4.5～4.8	3～3.4	55
混凝土或砌砖拱顶薄壁水泥砂浆水窖(盖碗窖)1	土质稍差	6.5	1～1.5	4.2	3.2～3.4	63
混凝土或砌砖拱顶薄壁水泥砂浆水窖(盖碗窖)2	土质稍差	6.7	1.5	4.2	3.4	60

一、土质水窖

(一)结构设计

土质水窖形状有瓶式水窖和坛式水窖。这种水窖有全隐式和半隐式之分。半隐式水窖由蓄腔、旱窖体、窖口、窖盖等部分组成。水窖的蓄腔位于窖体下部，是主体部分，也是蓄水位置所在；

旱窖位于蓄腔上部，窖口和窖盖起稳定上部结构的作用。窖口直径为600～800mm，高出地面不应小于300mm。土质的瓶式窖，从上到下的尺寸基本一样，就是蓄腔稍大些。窖底直径为3～3.2m，蓄水量可达40m³。

土窖的防渗措施为：旱窖部分为原状土体，不能蓄水，亦不做防渗处理；水窖部分采用红胶泥或水泥砂浆防渗，其做法如下：

1. 红胶泥防渗

为了防止窖壁渗水，要对窖壁进行防渗处理。用红胶泥做防渗处理时，红胶泥防渗层应大于30mm。为了使红胶泥与窖壁稳固结合，先在窖壁上布设码眼，用拌好的红胶泥捶实。码眼为口小里大的台柱形，外口径70mm，内径120mm，深100mm，品字形分布设置。窖底铺300mm的红胶泥并夯实整平，最后抹一层15mm厚的水泥砂浆压实压光，作为加固处理。

2. 水泥砂浆抹面防渗

水泥砂浆防渗层，其厚度不得小于30mm。抹灰前，应在窖壁上粘圈等高线，每隔1.0m，挖一条宽50mm、深5～8mm的圈带，在两圈带中间每隔300mm布设码眼，也是品字形设置，以增加水泥砂浆与窖壁的粘结和整体性。

水泥砂浆的强度不得低于M5。所有砂浆层不得产生空鼓和裂缝现象。

(二)施工方法

土窖施工程序分为窖体开挖、窖壁和窖底防渗、窖口砌筑等。

1. 窖体开挖

窖体的开挖，应用人工或机械进行。开挖时应先中心后四周逐步调整。窖址和窖型尺寸选定后，在窖址铲去表土，确定中心点，在地面上画出窖口尺寸，然后从窖口开始，按照各部分设计尺寸垂直下挖。开挖时，在窖口处吊一中心线，或在开挖边缘外侧相对设定位桩，每挖深1m，校核一次。机械开挖时，在开挖界与成型界之间应留200mm不挖。窖坯挖好后，用人工修整至成型设计尺寸。当开挖深度达到3.5～4.0m时，应用线坠从窖口中心向下做垂线，严格检查尺寸，防止窖体偏斜。水窖部分开挖，同样要先从中心点向四周扩展，并按窖体防渗设计要求设置码眼和圈带。

2. 红胶泥防渗

窖体按设计尺寸开挖后，进行防渗处理。处理前要清除窖壁浮土，并晒水湿润。将红胶泥打碎、过筛、浸泡、翻拌、铡剁成面团状后，制成长约180mm、直径50～80mm的胶泥钉和直径约200mm，厚50mm的胶泥饼，将胶泥钉钉入码眼，外留30mm，然后将胶泥饼用力摔到胶泥钉上，使之连成一层，保证红胶泥厚度达到30mm。然后再用木锤打密实，使之与窖壁紧密结合。并逐步压成窖体形状，直到表面坚实光滑为止。窖底防渗是最重要的一环，要严格控制施工质量。处理窖底前，先将窖底原状土轻轻夯实，以防止底部发生不均匀沉陷。窖底红胶泥厚300mm，分二层铺筑，夯实整平，并使窖底和窖壁胶泥连成一整体，连接密实。然后窖底用水泥砂浆抹面，厚度30mm。

2. 水泥砂浆防渗

水泥砂浆厚度30mm，应分三次进行，砂浆每遍所用的配合比分别为1∶3.5、1∶3和1∶2.5。在抹第一遍水泥砂浆时把水泥砂浆用力压入码眼，经过24h后，再进行下一遍水泥砂浆抹面。工序结束一天后，用42.5等级水泥加水稀释成防渗素浆，从上而下刷两遍，完成刷浆防渗。窖底在铺筑300mm胶泥夯平整实后，再完成水泥砂浆防渗。全遍工序完成后封闭窖口过24h，洒水养护14d左右即可蓄水。为了提高防渗效果，可在水泥中加防渗剂(粉)，其用量为水泥用量的3%～5%，在最后一次抹壁和刷水泥浆时掺入使用。

3. 窖口砌筑

砌筑窖口时可用砖或块石砌筑，并用水泥砂浆勾缝，再将盖板安装好。盖板可用上锁木盖板或混凝土预制盖板。为了便于管理，应在水窖盖板上编写编号、窖的主要尺寸（如深度、直径）、蓄水量、窖深、编号、施工年月、乡村名称等。

二、水泥砂浆薄壁水窖

（一）结构设计

这种水窖，其形状近似“坛式酒瓶”。窖体组成和前述土窖相同，它比瓶式土窖缩短了旱窖部分深度，加大了水窖中部直径和蓄水深度，旱窖深2.5～3.0m，水窖深4.5～4.8m，水窖总深度不宜大于8m，水窖直径3.8～4.2m，最大直径不宜大于4.5m，窖体由窖口的窖颈向下逐渐呈圆弧形向外扩展，至中部直径后与水窖部分吻接。这种倒坡结构，受土壤力学结构的制约，其结构尺寸是否合理直接关系到水窖的稳定与安全。窖口尺寸由传统土质窖的0.6～0.8m扩大到0.8～1.2m，这样便于施工开挖取土。窖底结构呈圆弧形较好，中间低0.2～0.3m，边角亦加固成圆弧形。

窖壁防渗与采用水泥砂浆防渗土窖的设计要求相同，不同之处是旱窖部分亦做水泥砂浆防渗，其水泥砂浆强度不宜低于M10，厚度不宜小于30mm。窖底用红胶泥或三七灰土铺筑或原土翻夯，厚度300mm，再用水泥砂浆防渗。

窖台用砖砌成或用混凝土预制窖圈。

（二）施工方法

水泥砂浆薄壁水窖的施工工序和施工方法与采用水泥砂浆防渗的土质窖基本相同，只是窖体要全部进行防渗处理。窖盖用混凝土预制时，可以与窖体开挖同时进行，按设计要求预制，用C20混凝土，厚80mm，直径略比窖口大。并按要求布设提水设备预留孔。

传统水窖采用红胶泥在长期运行中证明是十分有效的，其材料费用较低，但施工比较复杂，各个环节要求十分严格，而且费工费时。在土质较好地区，我国发展了薄壁水泥砂浆水窖，施工程序大大简化，质量比较容易保证，经过实践检验，防渗效果也比较理想。

三、混凝土顶拱水泥砂浆薄壁水窖

(一)结构设计

窖体由窖颈、拱形顶盖、窖筒和窖基等部分组成。窖颈为预制混凝土管或砖砌成,其深度大于500mm,并要满足抗冻要求。拱形顶盖为现浇混凝土,强度等级不宜低于C20,厚度不小于100mm。顶拱的矢跨比不宜小于0.3。水窖总深度不宜大于6.5m。水窖底基土应先进行翻夯,其上宜填筑200~300mm厚的三七灰土或采用厚100mm的现浇混凝土。水窖顶拱下的窖筒为圆柱形,最大直径不宜大于6.5m,窖壁采用水泥砂浆防渗。

(二)施工方法

其施工工序分为窖体开挖、窖壁防渗、混凝土顶拱施工、制作窖颈和窖盖等。窖体开挖和窖壁防渗与水泥砂浆薄壁窖相同,窖颈为预制混凝土管或砖砌成并预留安放进水管孔。

当采用大开口法施工时,可先开挖水窖部分窖体,布设码眼,做水泥砂浆防渗层,待窖顶下窖筒竣工后,再进行混凝土顶拱施工。即先建好脚手架,在窖壁上缘做内倾式混凝土裙边,安装模板,清除窖顶浮土,洒水湿润,铺一层水泥砂浆后即可浇筑C20混凝土。当拱顶土质较差时,要设置一定数量的拱助,以提高混凝土顶拱强度。

四、砖砌拱顶素混凝土窖

(一)结构设计

窖体由窖口,窖顶和窖筒组成。窖口直径0.6~0.7m,高出地面0.4~0.6m,用砖或块石砌成;窖顶为球冠形,上部与窖口相连,深1.0~1.5m,内径由上向下逐渐放大,到窖筒处内径3~4m,用砖砌成。窖筒(主要蓄水部分)深4.0~6.0m,直径3~4m。

窖筒的窖底和窖壁采用素混凝土防渗,防渗厚度100~

150mm。混凝土浇筑后，再用水泥砂浆抹面，加强窖体的防渗性能。砖砌窖顶内外两侧亦采用 20～30mm 厚的水泥砂浆抹面防渗。

（二）施工方法

素混凝土水窖施工分为窖体开挖、窖底和窖壁混凝土浇筑、砖砌窖顶、窖体水泥砂浆抹面防渗、窖口和窖台砌筑等。其中除窖体混凝土浇筑和砖砌窖顶施工外，其他工序与窖底为混凝土的水泥砂浆薄壁窖施工方法基本相同。

窖体开挖后，在窖坯体底部洒水湿润，然后平铺一层厚度为 0.01～0.02mm 的塑料薄膜，主要起保护混凝土水分和防渗作用，素混凝土平铺厚度 100～150mm，捣固后 3.5h 进行窖壁浇筑。

浇筑窖壁混凝土时，采取分层支架模板、现场连续浇筑施工。窖壁浇筑每层最大限高为 1.5m，沿窖壁浇筑区分层订好 0.01～0.02mm 的塑料薄膜，高度应比浇筑分层的高度加 10mm 的超高。支架好分层圆柱形钢模板，其外径即为设计的窖内径坯体直径。模板外缘与窖壁塑料薄膜间距为 100～150mm，进行素混凝土浇筑。捣固结束 4h 后，即可重复以上工序进行第二层的施工，直到完成整个窖壁的连续浇筑。

砖砌窖顶时，支撑好施工脚手架，在已完成施工的素混凝土窖壁上缘做内倾式混凝土裙边，宽度不小于 250mm，表面向内倾斜 15°左右。其上用黏土泥浆砌砖裙，单面宽 120mm。之后在砖裙上用单层砖砌筑球冠形窖顶。砌体厚度 60mm。在距窖顶面约 500mm 处预埋进水管，砌筑方法是沿砖裙一圈一圈地收口式砌筑，在距窖顶面约 500mm 处预埋进水管。

第三节　水塔施工技术

水塔是农村供水的主要设施，是储水和配水的高耸结构。它可以保持和调节给水管网中的水量和水压。

水塔主要由水柜、基础和连接两者的支筒或支架组成。以前常用的有砖砌水塔、混凝土水塔等。现在多为倒锥壳水塔，以及无塔供水的设备等。而在家中屋盖上部设置的水塔，则有不锈钢水塔、防腐保温式水塔等，也可称为家用水箱。

一、水塔施工

水塔施工，主要有外脚手架和里脚手架等多种施工方法。这里以倒锥壳水塔施工为例来说明其施工方法。

倒锥壳水塔如图 3-1 所示。这种水塔的塔身和水箱均采用钢筋混凝土制作。倒锥壳水箱是在地面制作后，再用液压提升到设计高度后固定。

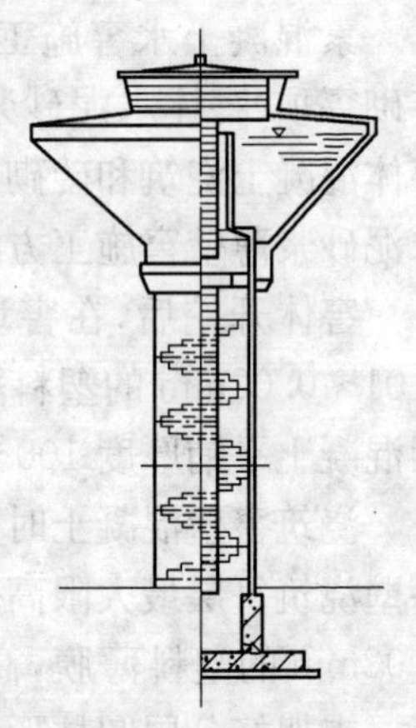

图 3-1　倒锥壳水塔

(一)筒身施工

水塔筒身必须建在牢固的基础之上。水塔基础应连续作业，将施工缝留设在支筒与基础面交接处，并做好进出水管道孔洞的预留工作。基础施工完成后，应及时回填并分层夯实。

筒身施工一般采用提模施工法。

1. 组装钢井架

组装井架时，应先在施工的筒身内部位置组装钢井架。井架要设立在牢固的基础上，每接高 10 节设一道缆风绳，以保证其稳定性。

2. 吊篮组装

吊篮可根据塔身的直径收缩，上下两层吊篮间的距离为 2m。通过联杆将上下吊篮组装成整体。如果操作平台的面积较大时，可在四周加辐射梁，吊盘骨架用 M16 螺栓固定。操作平台上的铺板要严密，四周应设安全防护网。

3. 模板组装

组装模板时先支内模板,依靠吊盘骨架进行固定,然后支外模,用钢绳箍紧。调整模板的圆度,保证筒壁断面的厚度符合要求。

4. 浇筑混凝土

浇筑筒身混凝土时,应沿筒身四周对称进行,分层振捣密实。待混凝土达到一定强度时,即可松动模板内外紧箍顶楔,使模板与混凝土脱离。

由于筒身厚度较薄,振捣混凝土时应用小型插入式振捣器振捣密实。

5. 提升吊盘

用挂在井架上的吊链将吊篮提升到下一个浇筑高度,然后再清理、调整、固定模板,依次循环施工。

待下一浇筑高度的模板安装完毕后,校核筒身垂直度。筒身垂直度偏差不得超过总高的0.1%,且筒身顶中心相对基础中心偏差应不大于30mm,筒身外径误差不得超过1/500。

(二)水箱施工制作

钢筋混凝土筒身浇筑完成后,以筒身为基准,围绕筒身就地预制水箱。水箱可分两次支模浇筑混凝土。第一次支模主要完成下部支承环梁、水箱倒锥壳下部和中间直径最大处的中部环梁的浇筑。绑扎钢筋时,在中部环梁上留出水箱顶部的钢筋接头。浇筑混凝土并达到一定的强度后,再支水箱顶部和上环梁的模板,绑扎顶部和上环梁的钢筋,然后浇筑混凝土,如图3-2所示。

(三)提升水箱

提升水箱可根据当地的提升设备的条件进行选择。如果水箱较小,可选择提升机提升或卷扬机提升。如果水箱较大时,可选择千斤顶提升或其他提升的方法。

当水箱提升到设计高度时,应用提前制作好的井字形钢销梁进行固定。安装时先用螺栓临时固定,然后焊接,再将水箱落位,最后浇筑保护环梁的混凝土。

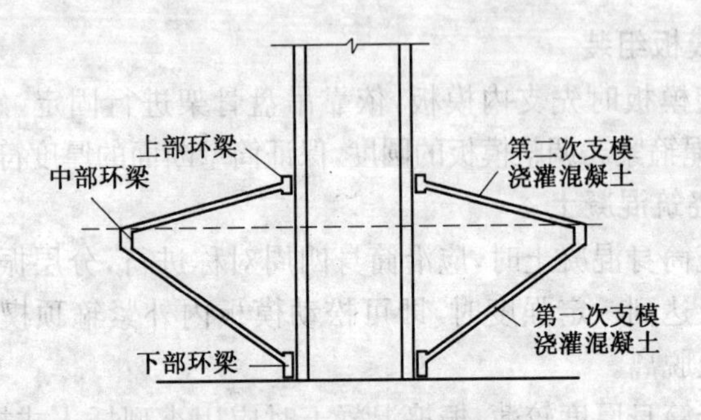

图 3-2　水箱制作

二、无塔供水设施

无塔供水设备由于它安装方便、工期短，所以是当前农村普遍使用的一种供水设备。

(一)全自动供水设备的特点及工作原理

1. 无塔供水设备的特点

无塔供水设备由气压罐、水泵及电控系统三部分组成。其突出优点是，不需建造水塔，投资小、占地少，布置灵活，建成投产快；采用水气自动调节、自动运转，节能并与自来水自动并网，停电后仍可供水，调试后不需看管，适用于供水户在 5000 户以内，日供水量在 3000m³ 以内的场所和供水高度达 100m 以上的场所，如图 3-3 所示。

2. 工作原理

无塔供水设备工作原理是：自来水管网的水进入供水罐，罐内空气从真空消除器排除，待水充满后，真空消除器自动关闭。当自来水管网压力能够满足用水要求时，系统由旁通止回阀向用水管网直接供水；当自来水管网压力不能满足用水需求时，系统压力信号由远传压力表反馈给变频控制器，水泵运行，并根据用水量的大小自动调节转速，恒压供水。若运转水泵达到工频转速时，则起动另一台水泵变频运转。水泵供水时，若自来水管网的

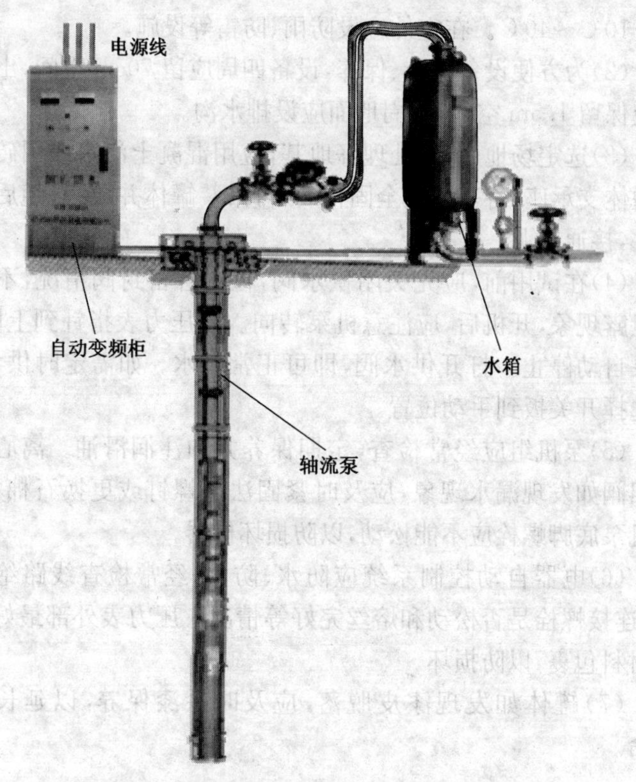

图 3-3　无塔供水

水量大于水泵流量，系统保持正常供水；用水高峰时，若自来水管网的水量小于水泵流量时，供水罐内的水作为补充水源仍能正常供水。此时，空气由真空消除器进入供水罐，罐内真空遭到破坏，确保了自来水管网不产生负压，用水高峰过后，系统又恢复到正常供水状态。当自来水管网停水，造成供水罐液位不断下降，液位探测器将信号反馈给变频控制器，水泵电动机自动停机，以保护水泵机组，供水罐可以储存并释放能量，避免了水泵频繁起动。

（二）无塔供水设备安装使用及保养

（1）安装应选择通风良好、灰尘少、不潮湿的场地，环境湿度为－10℃～40℃。在室外应设防雨、防雷等设施。

(2)为方便设备安装、保养，设备四周应留 70cm 空间，出入孔处应保留 1.5m 空间，四周地面应设排水沟。

(3)选定场地后，要处理好地基，应用混凝土浇筑或用砖石砌筑罐体支承座，待基座完全固化后，再吊装罐体并放稳，随后安装附件，接通电源。

(4)在试用前，应先关闭供水阀，检查各密封阀情况，不允许有泄露现象，开机后，应注意机泵转向。当压力表指针到上限时，机泵自动停止。打开供水阀，即可正常供水。如需定时供水，可把选择开关扳到手动位置。

(5)泵机组应经常检查，定期保养并加注润滑油。离心泵和止回阀如发现漏水现象，应及时紧固法兰螺钉或更换石棉板，检查机泵底脚螺栓应不能松动，以防损坏机器。

(6)电器自动控制系统应防水、防尘，经常检查线路绝缘情况、连接螺栓是否松动和熔丝完好等情况。压力表外部最好用透明材料包裹，以防损坏。

(7)罐体如发现漆皮脱落，应及时涂漆保养，以延长使用寿命。

第四章 新农村卫生设施的规划与施工

国家《小城镇建设技术政策》中明确指出，小城镇发展建设要立足于繁荣农村经济，切实为农业、农村和农民服务，推进城乡统筹发展，形成城、镇、村经济与社会发展互动的良性循环。并要坚持统一规划、合理布局、因地制宜、量力而行、分期分步实施的原则，坚持可持续发展理念，做到经济效益、社会效益和环境效益的统一。

第一节 新农村污水处理厂的规划

良好的生态环境是现代化城镇发展的必然要求，是提高人民群众生活质量和身心健康的重要基础。加快污水垃圾处理设施建设，提高农村环境保护能力，强化环境污染治理，实现污水垃圾的资源化、减量化、无害化处理，有效减少污水垃圾对农村生态环境的破坏，有利于营造健康、舒适、优美、洁净的人居环境，提高人民群众的生活质量和健康水平，建设和谐宜居农村，就要对农村的污水和垃圾进行处理。

污水处理，是采取物理的、化学的或生物的处理方法对污水进行净化的措施。

一、污水中的污染物

农村产生的污水包括工业污水、农业污水以及医疗污水等。生活污水就是日常生活产生的污水，是指各种形式的无机物和有机物的复杂混合物，包括：漂浮和悬浮的大小固体颗粒；胶状和凝胶状扩散物；纯溶液。

按污水的性质来分，水的污染有两类：一类是自然污染；另一类是人为污染。当前对水体危害较大的是人为污染。水污染可根据污染杂质的不同而分为化学性污染、物理性污染和生物性污染三大类。污染物主要有：

(1)未经处理而排放的工业废水，如皮革业、电镀业、造纸业等排出的废水。

(2)未经处理而排放的生活污水，如采用洗衣粉洗衣的污水、洗刷所用的洗洁净产生的污水、粪便未经熟化而排出的污水等。

(3)大量使用化肥、农药、除草剂的农田污水。

(4)堆放在河边的工业废弃物和生活垃圾。

(5)水土流失。

(6)矿山污水。

二、污水处理厂的规划

为了防止上述污水对生态环境产生危害，就要放眼长远，在农村建设污水和垃圾处理厂。对污水处理，是污水收集、再生、回用的总体概括。因此，污水或垃圾处理厂的规划应在新观念的指导下进行。

污水处理厂就是采用物理、化学和生物学的原理，对生产或生活污水进行处理，以达到规定的排放标准，使之无害于环境。

污水处理厂应布置在农村排水系统下游方向的尽端。小城镇污水处理应因地制宜地选择厂址和处理方法。处于城镇较集中地区的农村宜在区域规划的基础上共建污水处理厂；经济欠发达、不具备建设污水处理厂条件的农村，可结合当地具体条件和要求，采用简单、低耗、高效的多种污水处理方式，如氧化塘，自然处理系统，一级处理或强化一级处理，以及其他实用的污水处理技术。

选择厂址时应遵循以下原则：

(1)为保证环境卫生要求，污水处理厂应与规划居住区、公共建筑群之间保持一定的卫生防护距离,一般不小于300m。并必须位于集中给水水源的下游及夏季主导风向的下方。

(2)污水处理厂应设在地势较低处,便于农村污水自流入厂内。厂址选择应与排水管道系统布置统一考虑,充分考虑农村地形的影响。选址时应尽量靠近河道和回用再生水的主要用户,便于污水处理后的排出与回用。

(3)厂址尽可能少占或不占农田,宜在地质条件较好的地段,便于施工、降低造价。

(4)污水处理厂用地的地质条件应满足建造构筑物的要求。靠近水体的污水处理厂应不受洪水的威胁,厂址标高应在20年一遇洪水位以上。

(5)污水处理厂应有良好的交通运输条件及水、电供应条件,并保证两个供电电源。

(6)要全面考虑农村近期、远期的发展前程,对后期扩建留有一定的余地。

污水处理厂建成后,主要就是污水的收集。而新农村的建设与发展,无不是以其基础设施的建设为起点的,排水工程中的污水收集系统则是重要的组成部分。根据《小城镇建设技术政策》的规定,对于经济力量较薄弱的城镇和农村,近期可采用不完全分流制,有条件时过渡到分流制;某些条件适宜或特殊地区的可采用截流式合流制,并在污水排入系统前采用适当方法进行处理。

污水处理厂启动后,处理污水所产生的污泥,应采用厌氧、好氧和堆肥等方法进行稳定化处理,也可采用卫生填埋方法予以妥善处置。达到《农用污泥中污染物控制标准》的污泥,可用作农业肥料,但不能用于蔬菜地和放牧草地。符合《城市生活垃圾卫生填埋技术标准》的污泥,可与生活垃圾合并处置,也可另设填埋场单独处置。污泥用于填充洼地、焚烧或其他处置方法,应符合相关规定,避免污染地下水和环境。

第二节 新农村厕所的建造

在大力推进社会主义新农村建设,实现农村经济、社会、环境的和谐发展的同时,还要大力推进农村的基础设施配套建设、生态环境改善等社会事业的发展。而家庭厕所是保障人们正常生活的最基本的卫生设施,是社会主义新农村建设的重要内容。

传统的农家厕所则是臭气熏天、蚊蝇成群、厕蛆遍地。它不但成了疾病传染的原发地,而且也是环境污染的污染源。所以家厕改造势在必行。

一、双瓮漏斗式厕所结构

图 4-1 是双瓮漏斗式厕所的示意图,它主要由下列构件组成:

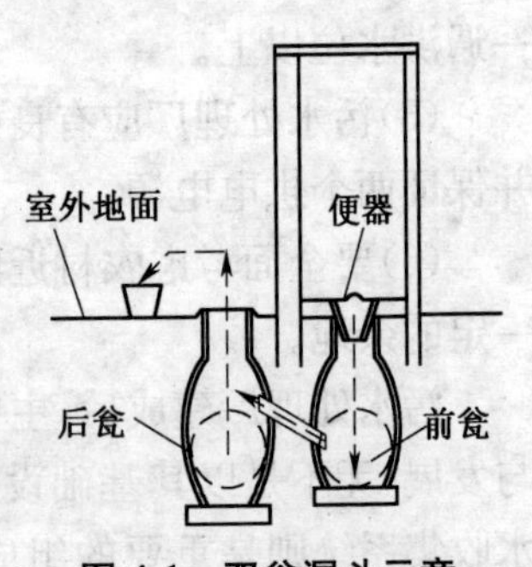

图 4-1 双瓮漏斗示意

1. 漏斗形便器

漏斗形便器是用陶瓷制作,当然也能用细石混凝土制作。一般情况下,前瓮建在厕室地下,将漏斗形便器置于前瓮的上口,不用砂浆固定,可随时提起。有的地方的做法则是将前瓮建在厕室外地下,便器下面连一个排粪管道通到厕室外的前瓮内。

2. 前后瓮式贮粪池

地下部分是由两个瓮形贮粪池所组成。前瓮粪池较小,后瓮粪池较大。这两个瓮形贮粪池可以现场用砖砌就,也可采用混凝土或其他建筑材料预制后安装。现在使用最多的是预制品,且价格适中,施工简便,而且施工进度快。

前瓮体中间内径不得小于 800mm,瓮体上口圆内径不得小于 360mm,瓮体底部圆内径不得小于 450mm;前瓮的深度不得小于 1500mm。

后瓮粪池主要是储存粪液，后瓮瓮体中间内径不得小于900mm，瓮体上口内径不得小于360mm，瓮体底部内径不应小于450mm，后瓮深不得小于1650mm。粪便经前瓮消化、腐熟后经过粪管溢流到后瓮内。

在寒冷地区，为了防止冻土层对瓮的影响，把前后瓮的上口颈加长，可使瓮体深埋。

3. 过粪管

过粪管，是连接前后瓮的通粪管。为了使消化、腐熟的中层粪液溢流到后瓮内，则应形成前低后高状，这样可使前瓮粪液始终保持在高位的位置。过粪管可用内径为120mm的塑料管，长度一般为600mm。

4. 瓮盖

后瓮池应用完整的水泥盖，并应盖压严密，出粪时又能顺利取下。后瓮的上口应高出地面100mm，可防止雨水进入瓮内。

二、双瓮漏斗式厕所建造

双瓮漏斗式厕所，有二合土双瓮漏斗式厕所、砖砌双瓮漏斗式厕所和混凝土预制双瓮漏斗式厕所。从造价上看，二合土的比较低廉，全部下来也就是300元左右；砖砌式的大约400～450元。这里以二合土及混凝土预制式双瓮漏斗式厕所的施工给予介绍。

(一)二合土双瓮漏斗式厕所施工

这种厕所中的双瓮体是采用二合土制作，如图4-2所示。

1. 预制水泥漏斗

简易的预制方法是从地面上挖出一个漏斗的模型，槽长200mm，宽90mm。上口直径130mm，预制内径80mm，小口空隙可以放进一个盐水瓶，周围留出25mm的空隙，即是预制的厚度。

2. 二合土瓮的制作

制作瓮的二合土配料是：石灰粉30%，黏土70%，过筛掺匀，其含水量应达到手抓土能成一个团，丢下即散为最好。

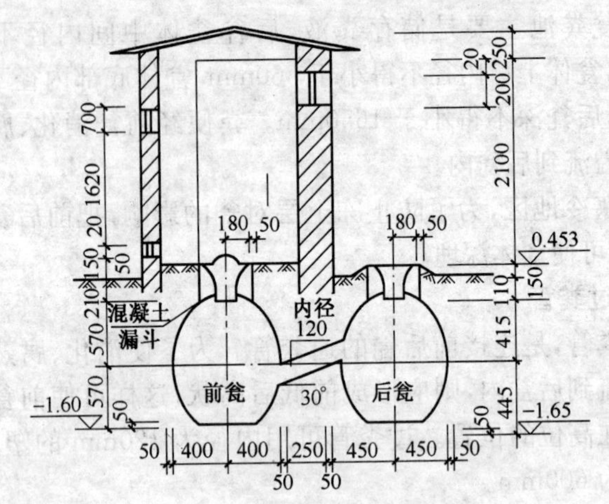

图 4-2 二合土双瓮厕所

根据图纸确定前后瓮间距离，如两瓮中心距为 1200mm，开挖瓮直径 420mm，前后瓮垂直深度为 360mm 的圆桶形，先用二合土砸实后直径为 360mm，以防向下开挖时崩陷，然后沿弧形再向下开挖，前瓮直径最大处约 880mm，深 1500mm，后瓮直径最大处为 990mm，深为 1650mm。

前后瓮形挖好后，用二合土砸制瓮壁，夯实并用玻璃瓶打磨光滑。

砸好 24h 后，用排刷将拌制好的水泥浆普刷瓮壁一遍，保养 5～7 天后，兑上清水约 75L 备用。

将内径为 120mm、长度为 600mm 的塑料过粪管，从前壁下部的 1/3 处向后瓮的上部的 1/3 处斜向插入，上角与瓮壁呈 30°。

为了防蝇、防蛆、防臭气，可以制一个麻刷椎，制作时取 1000mm 长的圆木棍，用大约 0.2kg 的麻丝绑到圆木棍上，上呈伞形，放置漏斗口，封闭瓮口。这样冲洗漏斗时也可当作刷子使用。

在使用前，应向瓮内加一定量的水，水面以超过前瓮过粪管下口处为好。

在使用的过程中，前瓮内的粪便每隔一年可清理一次，但清理出的粪便要堆积起来，经高温灭菌后方能当作肥料使用。当后瓮中的粪液已满时，则应及时取出。

（二）混凝土预制双瓮漏斗式厕所

1. 模具

先用直径6mm的钢筋焊接一个外模架，前后瓮上口直径均为1000mm，高720mm，底直径：前瓮是700mm、后瓮是800mm。从底圈向上到220mm处焊一环筋，以固定拦挡第一层立砖；270mm处和450mm处各焊一环筋，以固定拦挡第二层立砖；520mm处焊一环筋，与上口环筋一起拦挡第三层立砖。环形外模一分为二地切割成个半弧形钢筋架，每半个采用4根立筋支撑，接口处用插销将钢架连成整体。

如果是专业化生产时，可根据图纸要求的尺寸到模具公司制作一付专用的模具更好。

2. 浇筑

将外模架放在地上，先在底部周围用黄泥均匀地铺一圈，厚度约为2mm，立一圈240mm砖，砖与砖之间用黄泥抹缝，然后放第二层，依次类推。

砖立起后，砖上面再均匀铺一层15mm厚的黄泥，以砖面不露出为宜。

用比例为1∶3的水泥砂浆，从外模圆桶的底部向上均匀地涂20mm。在预制上半截瓮时，底部不用砂浆，可留出500mm圆口；若预制下半截时，底部留成锅底状，便于以后清渣掏粪。前瓮下半截留孔，后瓮上半截留孔，孔径约为150mm，上下两孔距离为200mm，半截瓮大口处应留出40mm宽沿，以便连接和安装。两上瓮截面合口时用水泥砂浆密封。两个瓮应预制成4个半截瓮。

如果使用专用模具生产时，则应用细石混凝土直接浇筑就行。

抹水泥砂浆 24h 后，脱去钢筋模，砖模到 3d 后脱去。脱模时要小心，不要将抹浆层损坏。

3. 安装

按瓮体的尺寸先开挖出瓮坑，然后将坑底铲平夯实，用 C15 混凝土浇筑 100mm 厚。基底处理后，将瓮放入坑内，双瓮中心距为 1200mm 左右，上下瓮体应紧密结合。

瓮体安装完毕后，用土回填，并要边填边夯实，当回填将近过粪管口下边沿时，安装过粪管，并用混凝土将过粪管与瓮体间的缝隙补好捣实。然后再回填至地面处。再将漏斗便器安装到前瓮的上口。有条件时，也可将地面进行硬化处理。

三、三格化粪池厕所

三格化粪池厕所比双瓮式厕所有较大改进，其组成如图 4-3 所示。

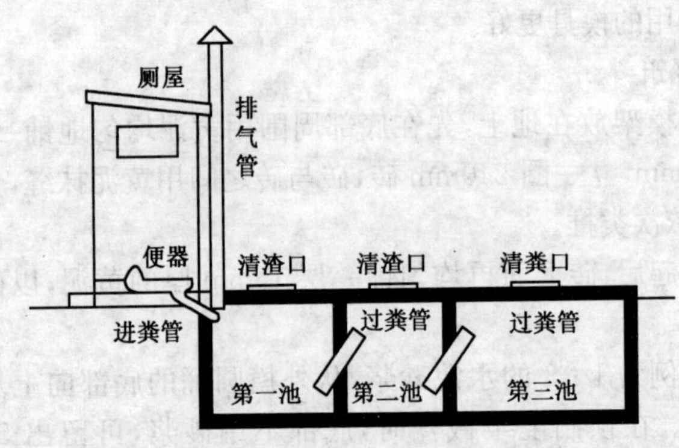

图 4-3　三格化粪池厕所示意

三格化粪池厕所可以采用砖砌法、预制法等。这里以砖砌法来介绍。

1. 放样和挖坑

根据设计方案选择化粪池的位置，按照各池的长度、宽度量好尺寸，撒上石灰线。

线放好后就挖坑，挖坑时要掌握坑的深度。

2. 池底处理

底层修平后夯实，铺上 50mm 厚碎石作为垫层，上边浇筑 80mm 厚的 C15 混凝土。

3. 砌池与抹面

按化粪池的尺寸砌筑周边池壁墙体与分格墙。分格墙砌到一定高度时，及时安装过粪管，过粪管的周边一定要用水泥砂浆嵌填密实。砌墙体时，砖块需提前一天浇水湿透。砖的接槎要正确，缝与缝应错开，砂浆要饱满。并要与分格墙同时砌筑，不要留槎。最好采用丁字砖砌法。

池壁砌筑完成后，先用 1∶3 水泥砂浆打底，再用 1∶2 水泥砂浆抹面两道，抹面的总厚度不得少于 20mm。并且表面光滑平整，密实牢固。

4. 盖板

化粪池上边的盖板应用钢筋混凝土制作，厚度不得小于 50mm。第一池在厕屋内的盖板要留出放置便器的孔洞和掏粪渣的出口。第二池与第三池的盖板也要各有一预留口，每个口都要盖上小盖板。安装池盖板时，底面均要铺砂浆，使盖板与池密封。

将进粪管从第一池盖板入口中插入粪池，并将其固定在盖板上。将蹲便器入口套在进粪管上，安放固定便器，使便器与脚踏板密封。以便器下口为基准，距后墙为 350mm，距边墙 400mm，便器的高低根据坡度的需要而定。如果带有水冲装置的，则要全部安装到位。

排气管直径一般为 100mm，长度应超过厕所房顶 500mm，下口固定于第一池盖板预留孔处，上端固定于房顶处。

待池各部均安装完毕后，应回填池侧空隙，并捣实。若条件允许，可对厕所内地面进行硬化处理。

三格砖砌化粪池厕所全部费用大约在 1500 元左右。这种厕所可作为村内公共厕所使用或者是幼儿园、学校等公共场所使用。

四、三联通沼气厕所

三联通沼气厕所在粪便无害化处理的同时，又能产生沼气，为农户提供高效清洁的能源。

沼气厕所主要有砖砌式、现浇式或扣板式等。当采用砖砌式时，砌筑用的水泥砂浆的强度等级不得低于 M10。现浇混凝土的强度等级为 C20。过粪管可采用与前相同的塑料管。当然，如果经济条件比较好的，直接可以购买玻璃钢或塑料制作的成品沼气池，而厂家也会到现场安装。

沼气池的施工，也是同前边的厕所一样，进行放线挖坑、夯底处理、砌砖抹面、支模浇筑混凝土等，这里不再详述。三联通沼气厕所的平面布局可参考图 4-4 所示，其剖面如图 4-5 所示。

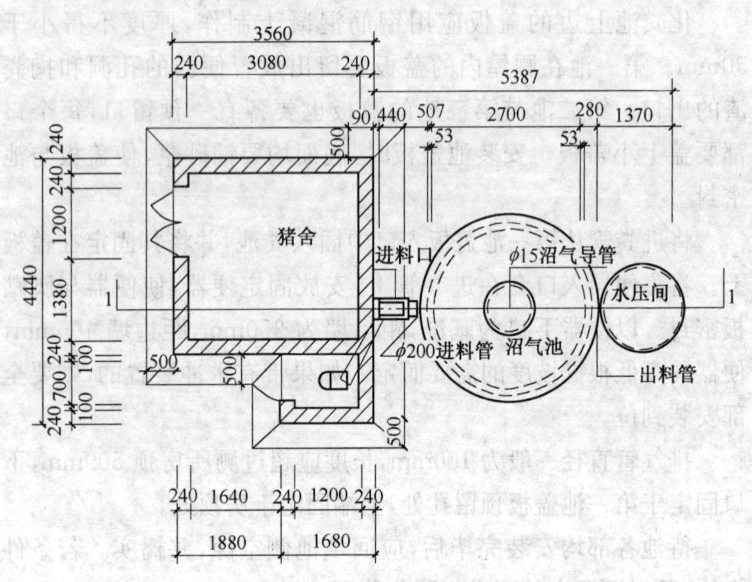

图 4-4　沼气池式厕所平面布局

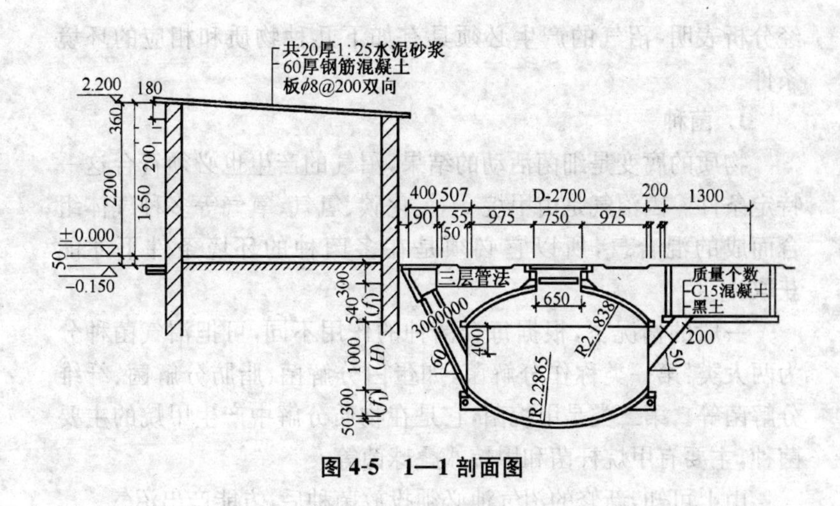

图 4-5　1—1 剖面图

第三节　沼气池的建造

能源是世界经济发展的命脉，环境是人类赖以生存的基础保障。在诸多能源中，沼气是一种重要的可再生的生物能源，具有环保、废物利用、优化生态环境的显著特点。在农村推广应用沼气，则有利于促进资源循环利用，有利于推进资源节约型、环境友好型的新农村建设。

一、制取沼气的条件

沼气是有机物质和工业有机废水等在厌氧的环境和一定温度条件下，经过种类繁多、数量巨大、功能不同的各类厌氧微生物的分解代谢而产生的一种气体。

在日常生活中，当一个瓜果、蔬菜或食物发生腐烂时，在这些物体的表面会聚集许多小的气泡。这种小气泡就是物体变质后发生化学反应时产生的一种气体。

在有的厕所粪池中，在一定的条件下也会看到许多聚集在粪便表面上的气泡。这种气泡就是自然界里的可以燃烧的沼气。

经分析表明，沼气的产生必须具有如下几种物质和相应的环境条件。

1. 菌种

物质的腐变是细菌活动的结果，沼气的产生也必须符合这一特定条件。因沼气是由甲烷、一氧化碳、氢气、氧气等多种气体组合而成的混合气，所以它必须是在多菌种的环境条件下才能获取。

一般的情况下，根据每个菌种的作用不同，可把沼气菌种分为两大类：第一类称作分解菌，如蛋白分解菌、脂肪分解菌、纤维分解菌等。第二类是甲烷菌，它是在物质分解中产生甲烷的主要菌种，主要有甲烷杆菌和甲烷八叠球菌等。

由上可知，新修的沼气池必须投放菌种后，方能产出沼气。

2. 发酵原料

所谓发酵原料，就是指一切可以产生沼气的固体废弃物，如人、畜的粪便，农作物秸秆、杂草、树叶等，这些物质是供给菌种的营养品。沼气菌只有从这些有机物质中吸收碳素、氮素和无机盐等来生长和繁殖后代，进行新陈代谢而源源不断地产生沼气。但是，这些物质所产生的沼气量是不同的，有的产生得多，有的则产生得少。这样，在向池中投料时，要以人、畜粪便为主，配以少量的青草、秸秆和生活垃圾。

3. 温度

任何一种物质的腐烂，均与温度有极大关系。夏季的食物易霉变，而冬季的食物就不易霉变，其主要原因就是温度的不同。从自然的现象可以证明，温度越高，物体腐烂越快，沼气产量也比较大，而且速度也较快。实践表明，当池温低于 10℃时，产气反应活动基本上是处于停止阶段，所以家用沼气池温在 15～25℃的范围内是最为经济、最为适宜的温度。

知道了温度对沼气产生的影响后，就要在条件允许的情况下，保证池中的温度。

4. 浓度

干燥的物质在各种条件下是产生不出任何气体的。它只有在一定的水分情况下才能被水解分化。同理，沼气的产生也必须有一定的水分。

经验表明，一般常用发酵原料的干物质浓度是：秸秆80%～82%、鲜猪粪19%、青草24%。沼气池中的发酵浓度应随季节的变化而变化，冬季以10%～12%，夏季以6%～10%较为合适。

5. 酸碱度

酸碱度也就是pH值，这是影响沼气菌活动的主要因素。从正常的情况看，沼气菌只有在中性或微碱的环境中才能正常发育和生长。中性和微碱，就是pH值在6.8～7.6范围之间。如果低于下限值时，就要立即停止投料，进行适量的回流和搅拌，促使其值恢复正常；当pH值在8.0以上时，应投入接种污泥和堆沤发酵的秸秆，迫使pH值逐渐下降而恢复正常。

6. 密闭与搅拌

成功的经验表明，沼气菌在有氧气的情况下，它将无法生活下去。因此，沼气菌必须是在隔绝空气的条件下进行活动和生活。

但是，由于向池中投放的发酵原料中含有较多的秸秆时，便会产生原料上浮，这时有机物质难以分解，也无法被沼气菌所利用，导致气量的下降。在这种情况下，就要对上浮的物质进行搅拌，让浮渣与粘附有大量沼气菌的沉渣和沼液拌合在一起。搅拌一般为每天两次，每次20min。

二、沼气池的构造

沼气池的类型很多，但其构造基本相同。沼气池主要是由进料间、发酵间、气箱、导气管、出料间等组成。图4-6是圆筒形水压式沼气池，是当前农村应用最多的一种结构形式。

1. 进料间

它是输送发酵原料到发酵间的通道，一般做成斜管或半漏斗

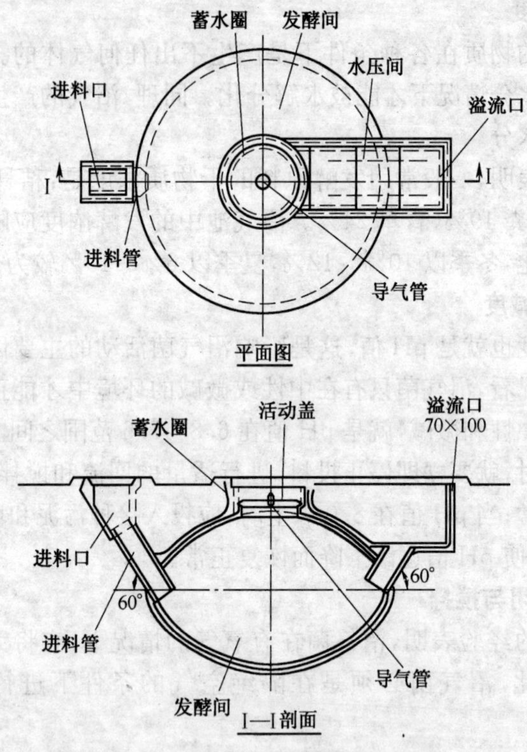

图 4-6　水压式沼气池构造示意图

形式的滑槽。进料间的斜度，以斜底面直通到池底为宜，进料间还可与厕所、禽畜间连通。

2. 发酵间

发酵间与气箱是一个整体，下部是发酵间，上部是气箱，一侧通进料间，另一侧通出料间。投进来的原料在发酵间进行发酵，产生沼气后，上升到气箱。

3. 气箱

气箱是位于发酵间的上部，顶部安装导气管通向用户。常用的水压式沼气池气箱上部设有水压间。

发酵间和气箱总体积，则称为沼气池的有效容积。

4. 导气管

导气管一端固定在气箱盖板上或活动盖上，另一端接输气管通向用户的沼气用器之上。导气管一般采用铁管、塑料管，接口要求严密不漏气。

5. 出料间

出料间是发酵后沉渣和粪液的出料通道，出料间的大小以出料方便为准。大中型池出料间侧壁上有的砌有台阶，以便进入池内清渣，小型出料间一般用木梯供人上下。

6. 天窗盖

天窗多设在气箱盖板中央，一般为圆形，直径大多为 500～600mm。为了防止盖边漏气，活动盖顶设有水压箱。

三、沼气池的建造

建造沼气池时，一定要按照“因地制宜，就地取材”的原则，根据当地水文和工程地质情况，选择适宜的池型结构。沼气池有圆形、球形、圆柱形、坛子形等型式。农村应用最多的是圆形和球形，而球形多用在沿海、河网地带以及地下水位较高的地区。

1. 容积的确定

确定沼气池容积是按家庭人口每人平均 1.5～2.0m^3 计算。

2. 沼气池的建造

建造沼气池现在多用混凝土和普通砖进行砌筑。图 4-7 是用混凝土建造的沼气池，图 4-8 是用普通砖建造的沼气池。建造时应结合图上的要求进行。

3. 建造的基本要求

(1)结构合理。能够满足发酵工艺的基本要求，保持良好的发酵条件，管理操作方便。

(2)严封密闭。保证沼气微生物要求的严格厌氧环境，使发酵能够顺利进行，能够有效地收集沼气。

(3)坚固耐用、造价低廉，建造施工及保养维修方便。

(4)安全、卫生、实用、美观。

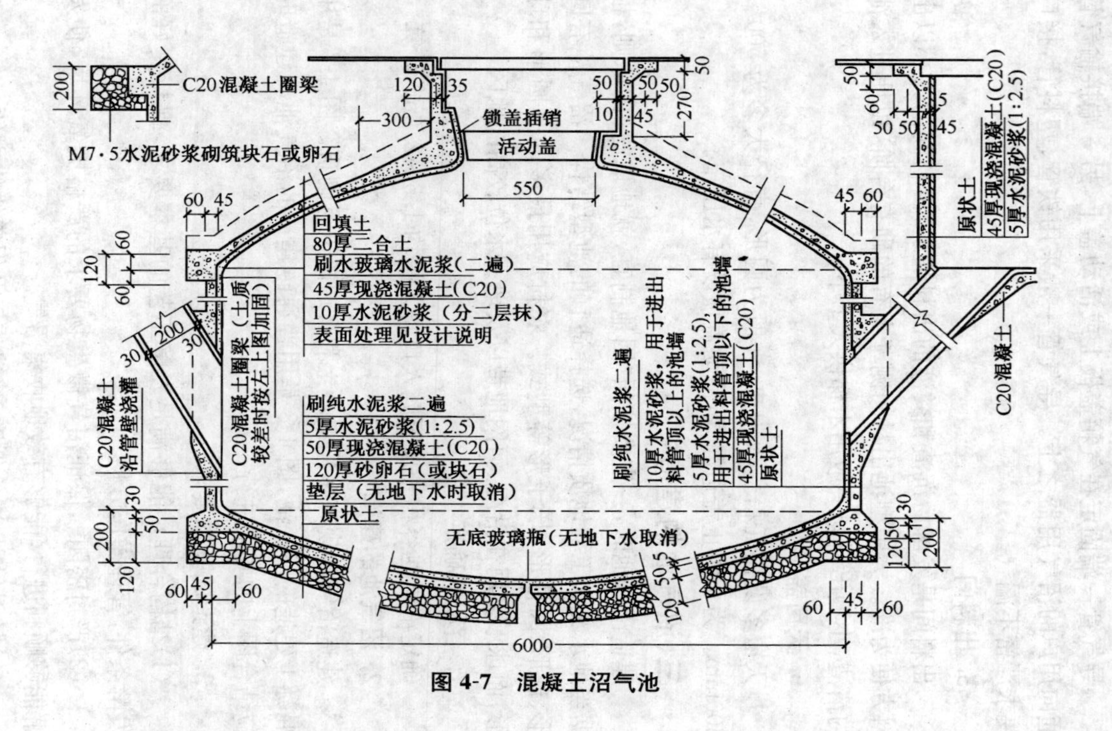
C20混凝土
原状土
45厚现浇混凝土(C20)
5厚水泥砂浆(1:2.5)
刷纯水泥浆二遍
10厚水泥砂浆，用于进出料管顶以上的池墙
5厚水泥砂浆(1:2.5)，用于进出料管顶以下的池墙
45厚现浇混凝土(C20)
原状土
无底玻璃瓶（无地下水取消）
活动盖
锁盖插销
回填土
80厚二合土
刷水玻璃水泥浆(二遍)
45厚现浇混凝土(C20)
10厚水泥砂浆（分二层抹）
表面处理见设计说明
刷纯水泥浆二遍
5厚水泥砂浆(1:2.5)
50厚现浇混凝土(C20)
120厚砂卵石(或块石)
垫层（无地下水时取消）
原状土
C20混凝土圈梁（土质较差时按左上图加固）
C20混凝土圈梁
M7·5水泥砂浆砌筑块石或卵石
C20混凝土
沿管壁浇灌

图 4-7　混凝土沼气池

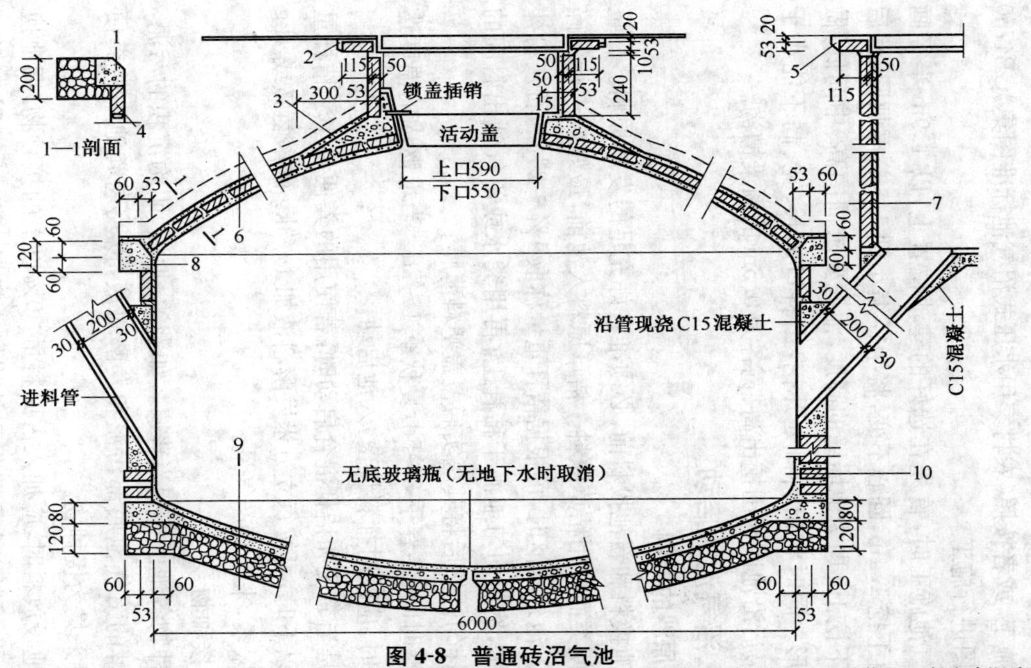

图 4-8　普通砖沼气池

1、3. C20 混凝土圈梁　2、4、5. 1：3 水泥砂浆(M7.5)　6. 从池里向外分别为抹三遍 15mm 厚的水泥砂浆、用水泥砂浆砌一砖厚；水泥砂浆抹平；80 厚三七灰土；回填土　7. 从外向里分别是：原状土，水泥砂浆砌一砖厚，抹 10mm 厚 1：2.5 水泥砂浆，分 2 遍成活　8. 现浇 C20 混凝土　9. 从外向里分别为：原状土，120mm 厚砂石垫层，当无地下水时不做。50mm 厚现浇 C15 混凝土，5mm 厚 1：2.5 水泥砂浆抹面；刷纯水泥浆 2 遍　10. 从外向里分别为原状土，采用水泥砂浆砌砖，并在出料口处局部加厚；10mm 厚水泥砂浆分 2 遍抹成，刷纯水泥浆 2 遍

4. 沼气池的施工

在农村建造沼气池时，一定要按照当地沼气办所提供的施工图进行施工，或者按照《农村家用水压式沼气池标准图集》GB4750的标准图进行施工。

沼气池施工时，首先在选好的建池位置上，以 1.9m 半径画圆，垂直下挖 1.4m，圆心不变，将半径缩小到 1.5m 再画圆，然后再垂直下挖 1m 即为池墙壁的高度，池底要求周围高、中间低，做成锅底形。同时将出料口处开挖，出料口的长、宽、高不能小于 0.6m，最后沿池底周围挖出高、宽各为 0.5m 的圈梁槽沟。

四、沼气池的启动

1. 原料的配制

旧池换料和新池投料前，必须准备好充足的发酵原料。尽量应用粪便类而少用秸草原料。秸草原料入池前，最好应进行粉碎和堆沤。池外堆沤时，可根据秸秆重量称取 1%～2%的石灰粉拌成石灰水，然后均匀地洒于秸秆上；再用粪水或沼气池出料间的发酵液拌匀。然后将其压实后覆盖塑料薄膜。

堆沤时间：冬春季 3～5d，夏秋季 1～2d。当堆沤内的温度达到 60℃时，应及时拌料接菌，入池启动。

但是当粪便和秸秆混合启动时，若使用的粪便量小于秸秆重量 1/2 以下时，可按每立方米发酵料液加 1～3kg 碳酸氢铵或 1kg 以下的尿素，来提高产气量。

2. 接种物

接种物各地区都相当普遍。如湖泊、塘堰、阴沟沉积的污泥，正常发酵的沼气池底部污泥和发酵料液，以及老粪池中的粪便等，都可采集为接种物。

新池投放料时，应加入占原料量 30%以上的接种物；旧池换料时，应留 10%以上正常发酵的沼气池底部沉渣，也可用 20%左右的沼气发酵料母液作为启动接种物。

若新建的沼气池无法采集接种物时，可用堆沤 10d 以上的畜粪或老的陈旧粪池底的粪便作为接种物。如果当地养牛较多，也可采用牛粪作为接种物。

3. 入池堆沤

为了提高产气量，可在猪舍内建造一个长度为2m、宽1m、深0.9m的秸秆水解酸化池。将粉碎的秸秆填入池中，加水浸泡沤制，发酵变酸后，再将酸化池内的水放入到沼气池内。使用这种方法时，新鲜的草料、秸秆需要浸泡一周以上，产生的酸液方可加入沼气池内。

为了省事，也可将原料按每层300mm分层加入沼气池中，分层接种，并应压实。堆沤期间切忌盖活动盖，如遇下雨和气温太低，可在盖口上用遮盖物临时遮盖，正常后将其移去。

4. 封池

当池内堆积物内的温度升至60℃左右时，应采用水、粪便、污水或沼液分别从进、出料口加入。

加水后，用pH试纸测定发酵液的酸碱度。当pH值在6.5以上时，即可封池。

如果pH值在6.0时，可加入适量的氨水或淋石灰时已经澄清的石灰水，达到7.0时再封池。但一定要注意，所加的物质不得过量。

封池后，及时安装输气管道、压力表、开关等。并应关闭输气管道上的开关。

5. 放气

当池内压力达到3～4kPa时，开始第一次放气，而这次排放的气体主要是二氧化碳和空气。当压力再次升到2kPa时，进行第二次放气，并用火种点气，如能点燃，说明沼气发酵已经正常启动，第二日即可使用。

6. 运转

沼气池正常供气启动后，就进入了正常运转阶段。在这个阶段中，就是要维持均衡产气。如要维持均衡产气，一方面要在产气量显著下降时添加新原料(在加料时应遵照先出后进、体积相等的原则),另一方面每天要定时搅拌一次,每次搅拌 5min。

五、沼气的应用

在当前农村,沼气主要用在照明和灶具上。现将沼气应用容易产生的问题作一介绍。

(一)灶具容易发生的故障及排除

1. 灶具不能被点燃

灶具不能被点燃,主要应检查管子是否扭结或堵塞,管中有无沼气供应。如果管路通畅,则应查看是否外部漏气或者是沼气池中没有沼气。

2. 火焰燃烧声音大

在点燃灶具后,产生"啪、啪"的声音,并且火焰燃烧过猛。这是因为从引射器内引射进来的空气过多,或者是灶前的沼气压力大所引起。解决的方法就是将调风板的调风量调小,或是调小灶前开关。

3. 火焰产生波动

这种现象是火焰时大时小。产生这种现象主要是燃烧器堵塞或是燃烧器的喷嘴不对中所造成。当管子中有水时也会产生火焰波动。这时就要重新安装喷嘴或排除管子中的积水。

4. 产生黑烟或有臭味

产生这种问题主要是引射来的空气不足,或是燃烧器堵塞,也可能是燃烧器头部火孔四周空气不足。排除的方法主要是清扫和冲洗燃烧器,加大喷嘴和燃烧器之间的距离。

(二)灯具

沼气灯具在暂时还没有通电的农村应用较多,沼气灯具的构造如图 4-9 所示。

沼气灯具有高压和低压之分,并分别与水压式沼气和半塑式沼气配套使用。为保证沼气灯具的正常使用,则应注意下列

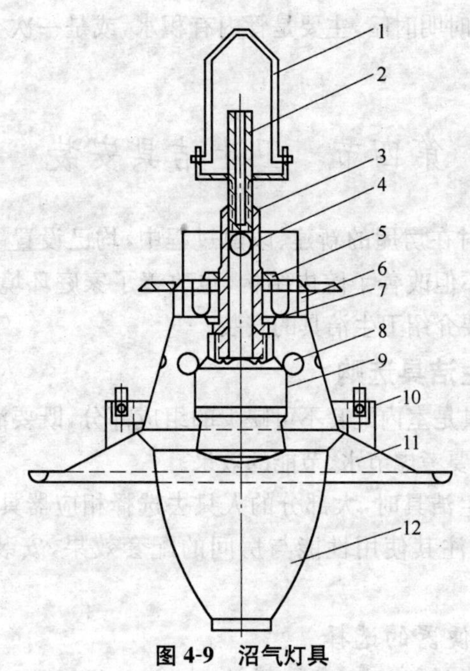

图 4-9　沼气灯具

1. 吊环　2. 喷嘴　3. 横担　4. 一次空气进风孔　5. 引射器　6. 螺母　7. 垫圈　8. 排烟孔　9. 泥头　10. 开口销　11. 反光罩　12. 玻璃灯罩

事项：

(1)应根据沼气池夜间经常达到的气压来选择不同额定压力的沼气灯。还应查看喷嘴孔是否偏斜，喷嘴装在引射器上时是否同心。并要选购与沼气灯具配套的纱罩。

(2)水压式沼气必须安装灯具开关，用来调节沼气灯前压力。

(3)沼气灯的悬挂高度，应距地面 1.8～1.9m，这样容易点火和调节。

(4)初次使用时，应将调风板的位置调整到位，使灯达到最亮的程度。

(5)使用中若发现纱罩外边有明火时，则应检查喷嘴是否安装正确，或是调大了进风量。

(6)灯光时明时暗，主要是管内有积水，或是一次空气调节不当所致。

第四节　卫生洁具安装

许多农村在房屋的新建、改建过程中，均已设置了单独的卫生间。这样不但改善了院内结构，也改善了家庭环境，方便了使用。本节主要介绍卫生洁具的安装。

一、卫生洁具选购

卫生洁具是室内配套不可缺少的组成部分，既要满足使用功能的要求，又要考虑节水、节能的效果。

选购卫生洁具时，大部分的人只去选择相应器具的颜色、形状，而不去关注其使用性能与房间的配套效果，安装后方感不称心。

(一)坐便器的选择

在选择坐便器时，首先要清楚卫生间的排污管的安装方式，然后根据排污管的布局决定选择相应结构的坐便器，因为每款坐便器都有不同的排水方式，这点一定要注意。

在选择前，还要量准排污管中心距墙体间的距离，这个距离也是选择坐便器的依据。

所选坐便器的颜色要与其他洁具的颜色一致，色调要与地面砖和墙砖相协调。选购时，首先要查看外观质量，釉面要光洁、平滑，色泽晶莹剔透，没有针眼、气泡等缺陷。并且要用手伸进坐便器的排污口，触摸一下里面是否光滑，如果有粗糙感，则是没有挂釉。外观质量看过后，就要看是不是节水型的。要向经销商索要检测报告。一般情况下，6L以下的冲水量为节水型的产品。

(二)洗面盆的选购

洗面盆式样很多，有立柱式、台上式和挂墙式等。选择时，应根据卫生间的面积大小来选择。如面积较小,可选择柱式盆,较大时则应选择台式盆。再者还要考虑卫生间的整体效果。其外观质量同坐便器,这里不再介绍。最为主要的,就是要注意分清所买的产品是S型的下水返水弯,还是P字型的入墙返水弯。

对于浴盆,现在一般家庭不再安装,大多使用淋浴喷头,所以就不再介绍。

二、器具安装

(一)安装要求

(1)安装卫生器具前,所有与卫生器具连接的管道已全部完成水压、灌水试验,并没有漏水渗水现象。室内抹灰已施工完毕,水准线已引进房间,地面相对标高线已经弹出。

(2)安装前应对洁具及配件进行检验,主要检查有无损伤、出水口的圆度、塑料配件的圆度和硬度等,不符合要求的不得安装。

(3)排水栓和地漏的安装应平正直、牢固、低于排水表面,周围无渗漏。地漏水封高度不得小于50mm。

(4)横向排水连接的各卫生器具的受水口和立管均采取可靠的固定措施;管道与楼板的接合部位应采取牢固可靠的防渗、防漏措施。

(5)安装卫生洁具时,应根据表4-1卫生器具安装高度进行。安装时,其高度应根据土建的+500mm水平控制线、建筑施工图及器具安装高度确定器具安装位置。

(二)支架安装

支架在混凝土墙上安装时,用墨线弹出准确坐标,打孔后直接使用膨胀螺栓固定支架。

在砖墙上安装时,用$\phi 20$的冲击钻头在已经弹出的坐标点上打出相应深度的孔,放入燕尾螺栓,用不小于32.5强度等级的水泥捻牢。

表 4-1　卫生器具的安装高度　(mm)

项次	卫生器具名称			安装高度(mm)	备注
1	污水盆(池)	架空式		800	
		落地式		500	
2	洗涤盆(池)			800	自地面至器具上边缘
3	洗脸盆、洗手盆(有塞、无塞)			800	
4	盥洗槽			800	
5	浴盆			≯520	
6	蹲式大便器	低水箱		900	自台阶面至水箱底
		高水箱		1800	
7	坐式大便器	低水箱	外露排水管式	510	自地面至低水箱底
			虹吸喷射式	470	
			高水箱	1800	自地面至高水箱底

(三)器具的安装

1. 蹲便器、高低水箱安装

蹲便器、高低水箱安装如图 4-10 所示,并应符合下列规定:

(1)安装时,先将胶皮套套在蹲便器进水口上,套正后将其紧固。

(2)找出排水口的中心线,并引画至墙面上,用水平尺或线坠找好垂直竖线。

(3)将下水管承口内抹上油灰,蹲便器位置下铺垫白灰膏,然后将蹲便器排水口插入排水管承口内。

(4)用水平尺放在蹲便器上沿口上,纵横双向找平,并使蹲便器进水口对准墙上中心线。

(5)蹲便器安稳后,确定水箱出水口中心位置,向上测量出规定高度。然后根据水箱上的固定孔与给水孔之间的距离确定固定螺栓的高度,在墙面上做好标记,安装支架及高水箱。

2. 坐便器安装

(1)先将坐便器按图 4-11 所示的方法找正,并根据底座上的

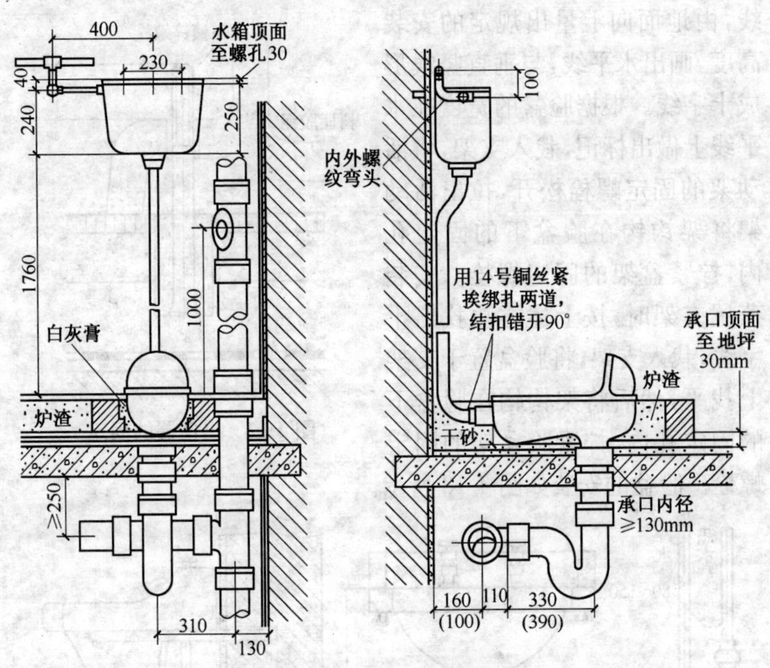

图 4-10　蹲式大便器安装

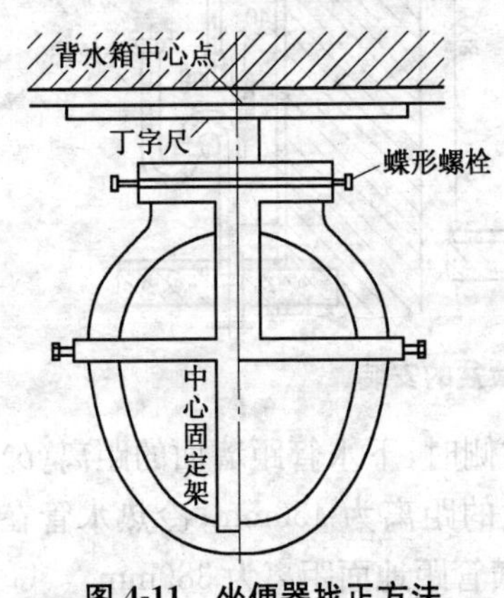

图 4-11　坐便器找正方法

圆孔，画出螺栓孔位置。

(2)在标记处剔出 $\phi20\times60$ 的孔洞，栽入螺栓，使固定螺栓与坐便器吻合。将坐便器排水口及排水管口周围抹上油灰后将坐便器对准螺栓装稳，如图 4-12 所示。

3. 洗脸盆安装

(1)挂式脸盆安装。挂式脸盆主要有两种安装方式，一种是用铸铁支架，另一种是用燕尾支架。采用铸铁支架安装时，按照排水管中心在墙面上画出垂直竖线，由地面向上量出规定的安装高度，画出水平线，与垂直竖线形成十字线。根据脸盆的宽度在水平线上做出标记，栽入支架，将活动架的固定螺栓松开，拉出活动架将架钩钩在脸盆下的固定孔内，拧紧盆架的固定螺栓。安装燕尾支架时，按上述方法找出十字线，栽入支架，将脸盆置于支架上找平，然后将架钩钩在脸盆下的固定孔内，拧紧脸盆架的固定螺栓。脸盆的安装如图 4-13 所示。

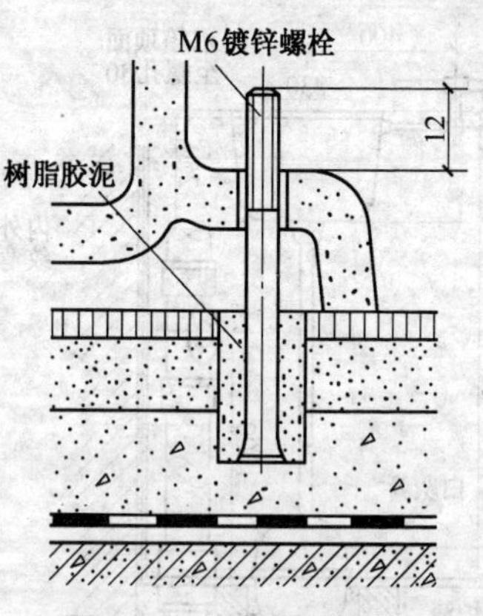

图 4-12　坐便器的固定

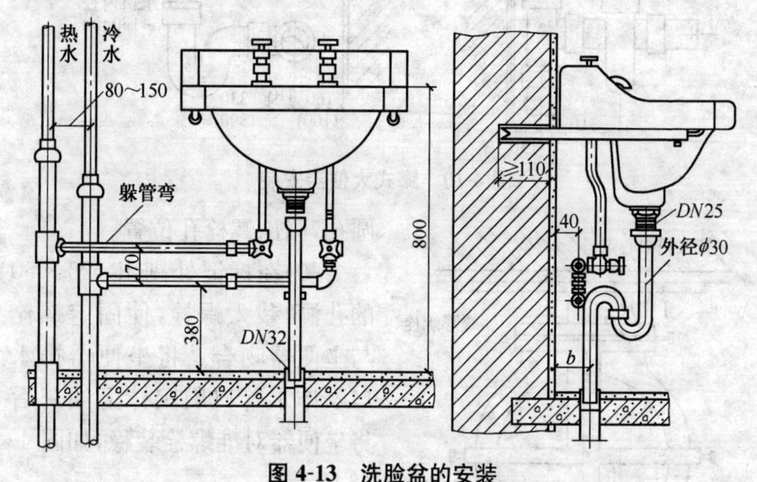

图 4-13　洗脸盆的安装

(2)如果冷热水管在脸盆的右侧时，下水管距墙面的距离(*b*)应为 50mm，并且冷水横管离地面的距离为 450mm；冷热水管在脸盆的左侧时，为 80mm，而冷水横管距地面距离为 380mm。

(3)柱式脸盆安装。按照排水口中心画出垂直竖线，立好支柱，将脸盆中心对准竖线放在立柱上，找平后在脸盆固定眼位置栽入支架。将支柱在地面位置做好标记，并铺设灰膏，稳定好支柱和脸盆，将固定螺栓加橡胶垫、垫圈，把固定螺栓拧紧到适宜程度。在支柱与脸盆接触处，以及支柱与地面接触处用白水泥勾缝抹平。

(4)安装台式脸盆时，应按图 4-14 所示。

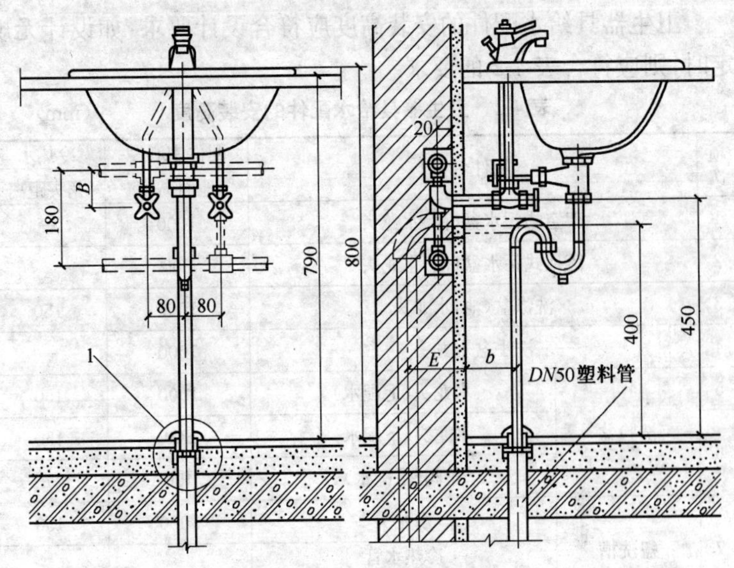

图 4-14　台式脸盆的安装

4. 淋浴器安装

暗装管道先将冷、热水预留管口加试管找平、找正。量好短管尺寸，断管、套丝、涂铅油、缠麻，将弯头上好。明装管道按规定标高揻好"Ω"弯，上好管箍。

淋浴器螺母外丝丝头处抹油、缠麻。用自制扳手卡住内筋，上入弯头或管箍内。再将淋浴器对准螺母外丝，将螺母拧紧。将固定圆盘上的孔眼找平、找正，画出标记，卸下淋浴器，在印记处用冲击电钻钻 $\phi8\times40$mm 的螺栓孔，装入膨胀螺栓，安装好铅皮卷。再将螺母外丝口加垫抹油，将淋浴器对准螺母外丝口，用扳手拧紧。

再将固定圆盘与墙面贴严，孔眼平正，用螺栓固定在墙上。

将淋浴器上部铜管预装在三通口上，使立管垂直，固定圆盘与墙面贴实，孔眼平正，画出孔眼标记，嵌入铅皮卷，螺母外加垫抹油，将螺母拧至松紧适度。上固定圆盘采用螺栓固定在墙面上。

5. 给水配件的安装

卫生器具给水配件的安装高度应符合设计要求，如设计无规定时，则应符合表 4-2 的要求。

表 4-2　卫生器具给水配件的安装高度　　(mm)

项次	配件名称		配件中心距地面高度	冷热水龙头距离
1	架空式污水盆(池)水龙头		1000	—
2	落地式污水盆(池)水龙头		800	
3	洗涤盆(池)水龙头		1000	150
4	洗手盆水龙头		1000	—
5	洗脸盆	水龙头(上配水)	1000	150
6		水龙头(下配水)	800	150
		角阀(下配水)	450	—
7	盥洗槽	水龙头	1000	150
		冷热水管 热水龙头	1100	150
8	浴盆	水龙头(上配水)	670	150
9	淋浴器	截止阀	1150	95
		混合阀	1150	—
		淋浴喷头下沿	2100	—
10	蹲式大便器 (台阶面算起)	低水箱角阀	250	—
		高水箱角阀及截止阀	2040	—
		手动式自闭冲洗阀	600	—
11	坐式大便器	低水箱角阀	150	—
		高水箱角阀及截止阀	2040	—

第五节 垃圾处理

由于各种因素的综合作用，农村垃圾污染问题日益凸显，建设社会主义新农村，迫切需要我们开辟一条解决垃圾处理的新路子。

一、目前农村垃圾现状

1. 农村垃圾类别

农村生活垃圾是指在农村日常生活中或者为农村日常生活提供服务活动产生的固体废物，以及法律、行政法规规定视为生活垃圾的固体废物。综合农村的生活垃圾有下列几种：

(1)做饭取暖时产生的炉灰、残煤渣。

(2)日常生活中产生的蛋壳、果皮、菜叶、残茶叶等。

(3)包装材料中的塑料袋、塑料盒、纸盒、废纸、废塑料等。

(4)碎玻璃、酒瓶、农药瓶、输液瓶、破碗烂罐等。

(5)废电池、半导体元器件、损坏的电器件等。

(6)农作物的秸秆、谷糠麦糠皮、豆荚皮、玉米芯、甘蔗皮、树木落叶、干枯的花卉等。

(7)每天扫地的垃圾、鸡粪、羊粪等家禽粪。

(8)拆建旧房和新建房屋的建筑类垃圾。

(9)化妆品用完后的空瓶、空盒、空牙膏皮等。

(10)村卫生所里用过的碎药瓶、酒精棉、纱布、一次性注射器和输液管等。

从上看出，农村中的垃圾成分不但多，而且比城市中的垃圾更为有害。

2. 当前垃圾处理

由于农村居民长年的传统生活习惯，对环境的保护意识往往比较差，垃圾通常都是随意丢弃和堆放。“家中垃圾门旁倒，猪拱、鸡刨、老鼠叫”、“热天臭气呛人鼻，雨天臭水遍地流”，这是对当前农村生活垃圾的真实写照。

在河流比较多的地方和山区的农村，将家中的垃圾随意地倒在农村中的路边、沟边、河边，这些垃圾随着降雨将其中的污染物带入河中，成为农村水源污染的主要来源。简单堆置，散发恶臭，滋生蝇、蚊、鼠，对在农村生活居民的生存健康产生极大危害。因此，为了减少垃圾对农村生态环境的破坏，使得农村经济、社会和环境协调发展，必须对农村垃圾进行科学的管理。

二、农村垃圾处理的模式

（一）加大宣传力度，转变观念意识

为了达到“村容整洁、环境卫生”的新农村建设目标，当地政府应加大农村环境卫生的法律法规宣传，提高农民们爱护环境的观念。在加大宣传的同时，要给农村垃圾处理提供好的经验和方法，使得垃圾能产得出，又能消化掉的良性循环。并要强调农民自行对垃圾进行分类堆放，避免交叉感染。逐步使农村垃圾走上“减量化、资源化、无害化”的管理目标。

（二）垃圾集中堆放，各户轮流转运

这种方式也是当前许多地方试运行的一种模式，就是村委会出资，然后按村的规模大小，在村中修建垃圾集中池，该池用普通砖和水泥砂浆砌筑，每池的覆盖范围要达 15 户左右，或者以村民小组为单位分点修建。

这种运作模式，是村民将自家垃圾存放于垃圾容器中，然后送到村中的集中点。每个集中点的垃圾应定时由垃圾专运人员转运到村外的垃圾堆放场，一般这些场地均是大坑洼地。如无专人转运的，可以按户轮流转运。而在有的农村，不建垃圾集中点，而是由专业垃圾人员每天早上开车到村中收集垃圾，然后直接运到村外垃圾堆放地。

这种运作模式，虽然村中门前无垃圾，改变了村容村貌，但是由于它还是集中堆放处理，使垃圾污染集中了。并且，堆放处均是坑洼地带，雨后会对地下水造成一定的污染，还是没有实现垃

圾的资源化和无害化处理。

(三)政府统一规划,实行集中处理

农村垃圾处理最有效的办法,是在“户收、村集、镇中转、县处理”的基础之上,在县级政府的统一规划下,建立一个户有垃圾收集桶、村有垃圾集中点、镇有垃圾中转站、县有垃圾处理场的基础设施管理网络,做到自由与集中的相对结合。

在村中建造垃圾集中点,每个集中点辐射服务周围约二十户居民,每户将自家生活垃圾混合收集后投放于垃圾集中点,再由乡镇的垃圾转运车直接送到县级的垃圾处理场进行处理。在当前,各省均向镇级政府捐赠卫生垃圾车和部分活动式的农村垃圾中转站,为农村垃圾处理提供了物资支持。

对县域面积较大、农村居住又比较分散的地区,可在乡镇建立垃圾处理场,直接进行垃圾处理。

(四)科学分类收集,实现综合利用

在对垃圾处理的同时,还要按照节约型社会要求,考虑如何将垃圾变废为宝,这才是垃圾处理的最好结果。

根据各地的情况,对垃圾实行综合利用的方法是:

(1)农家分类收集,对可回收垃圾收集变卖。这类垃圾如饮料瓶、旧建筑物上的钢筋碎铁,书报纸、纸盒、包装箱,电器元件上的铜、铝等金属,碎玻璃、酒瓶等。

(2)对可分解有机物的垃圾进行科学发酵成肥,实现循环利用。这类垃圾有扫地的尘土,旧房多年的土坯墙土,炉灰渣块,蛋壳、果皮、菜叶,扫起的鸡屎、鸭粪等。

(3)对于农作物的秸秆、糠皮、玉米芯、树叶等可燃烧的垃圾,可集中燃烧处理,或者直接粉碎入地当作肥料处理。对于那些废塑料纸,卫生所中遗留的可燃物,则应集中燃烧后掩埋处理。

(4)对不可再利用的无机物与建筑垃圾实行集中填埋。

(5)对污染严重的垃圾,如电池、医疗垃圾等进行集中堆放封存进行集中处理。

第五章　新农村生活设施施工技术

随着新农村建设的不断深入，村民的生活水平逐年提高。生活方式也发生根本的改变，以前只有城市中才有的"取暖不用火"，"做饭不烧柴"的各种生活设施也进入了农家的生活圈，走进了农村生活的大舞台。

第一节　太阳能的应用

随着社会生产的发展和能源利用规模日益扩大，人类依赖的矿物质能源总有一天会被耗竭。而太阳能是取之不尽、用之不竭的环保型新能源。因此，对太阳能的开发利用有着广阔的前景。特别对于那些矿物质资源比较匮乏的农村，应把太阳能的应用作为建设社会主义新农村和改善农民生产生活条件的一项主要内容。

一、太阳能热水系统安装要点

太阳能热水器是利用太阳辐射能通过温室效应升高水的温度的加热装置。由于太阳能热水器在运行中不消耗煤、电、气等任何常规的能源，所以是一种廉价的生活日用装置。

（一）位置和倾角的确定

1. 安装位置的质量要求

（1）安装太阳能集热器的位置应符合下列要求：应满足所在部位的防水、排水和系统检修的要求。建筑物的体形和空间组合应避免安装太阳能集热器部位受建筑物自身及周围设施和绿化树木的遮挡，并应满足太阳能集热器每天有不少于4h日照数的要求。

安装太阳能集热器的建筑物部位，应设置防止太阳能集热器损坏后部件坠落伤人的安全防护设施。

太阳能集热器不应跨越建筑物变形缝设置。

(2)设置太阳能集热器的平屋面应符合下列要求：太阳能集热器支架应与屋面预埋件固定牢固，并应在地脚螺栓周围做密封处理；当集热器安装在屋面防水层上时，屋面防水层应包到基座上部，并在基座下部加设附加防水层；集热器周围屋面、检修通道、屋面出入口和集热器之间的人行通道上部应铺设保护层；当管线需穿越屋面时，应在屋面预埋防水套管，并对其与屋面相接处进行防水密封处理。防水套管应在屋面防水层施工前埋设完毕。

(3)设置太阳能集热器的坡屋面应符合下列要求：屋面的坡度应结合太阳能集热器接收阳光的最佳倾角即当地纬度±10℃来确定；坡屋面上的集热器宜采用顺坡镶嵌设置或顺坡架空设置；设置在坡屋面的太阳能集热器的支架应与埋设在屋面板上的预埋件牢固连接，并采取防水构造措施；太阳能集热器与坡屋面结合处雨水的排放应通畅；顺坡镶嵌在坡屋面上的太阳能集热器与周围屋面材料连接部位应做好防水构造处理；太阳能集热器顺坡镶嵌在坡屋面上，不得降低屋面整体的保温、隔热、防水功能；顺坡架在坡屋面上的太阳能集热器与屋面间空隙不宜大于100mm；当管线需穿越屋面时，应预埋相应的防水套管，并在屋面防水层施工前埋设完毕。

(4)设置太阳能集热器的阳台应符合下列要求：设置在阳台栏板上的太阳能集热器支架应与阳台栏板上的预埋件牢固连接；由太阳能集热器构成的阳台栏板，应满足其刚度、强度及防护功能要求。

(5)设置太阳能集热器的墙面应符合下列要求：低纬度地区设置在墙面上的太阳能集热器应有适当的倾角；设置太阳能集热

器的外墙除应承受集热器荷载外，还应对安装部位可能造成的墙体变形、裂缝等不利因素采取必要的技术措施；设置在墙面的集热器支架应与墙面上的预埋件连接牢固，必要时在预埋件处增设混凝土构造柱，并应满足防腐要求；管线需要穿过墙面时，应在墙面预埋防水套管。穿墙管线不宜设在结构柱处；集热器镶嵌在墙面时，墙面装饰材料的色彩、分格宜与集热器协调一致。

2. 贮水箱设置

贮水箱宜布置在室内；设置贮水箱的位置应具有相应的排水、防水措施；贮水箱上方及周围应有安装、检修空间，净空不宜小于600mm。

3. 集热器的安装

为了保证有足够的太阳光辐射到集热器上，集热器的安装应符合下列要求：

(1)太阳能集热器设置在平屋面上时，对朝向为正南、南偏东或南偏西不大于30°的建筑，集热器可朝南设置，或与建筑同向设置。对朝向南偏东或南偏西大于30°的建筑，集热器宜朝南设置或南偏东、南偏西小于30°设置。对受条件限制，集热器不能朝南设置的建筑，集热器可朝南偏东、南偏西或朝东、朝西设置。水平放置的集热器可不受朝向的限制。

(2)当集热器设置在坡屋面上时，其安装的位置可在南向、南偏东、南偏西或朝东、朝西建筑坡屋面上。并应采用顺坡嵌入设置或顺坡架空设置。

作为屋面板的集热器应安装在建筑的承重结构上。它所构成的建筑坡屋面在刚度、强度、热工、锚固、防护功能上应按建筑围护结构设计。

(3)太阳能集热器设置在阳台上时，对朝南、南偏东、南偏西或朝东、朝西的阳台，集热器可设置在阳台栏板上或构成阳台栏板。低纬度地区设置在阳台栏板上的集热器和构成阳台栏板的集热器应有适当的倾角。

(二)污水和气体的排除

为了保证太阳能热水系统的正常运行,还应设置排污阀和通气管。排污阀一般安装在系统的最低处,以确保水箱或集热器和管路中的污物及杂质能顺利排出,或在维修和防冻时将水放出。

通气管设在水箱的顶部,而排气阀则应设在上下循环管路拐角处的顶部。排气管的安装如图 5-1 所示。

(三)管路的连接方法

管路的连接应根据取水方法和安装位置的高低及水压的大小确定。

1. 放水法安装

当热水器的安装位置高于用水器具的位置时,则应用放水法管路连接,如图 5-2 所示。

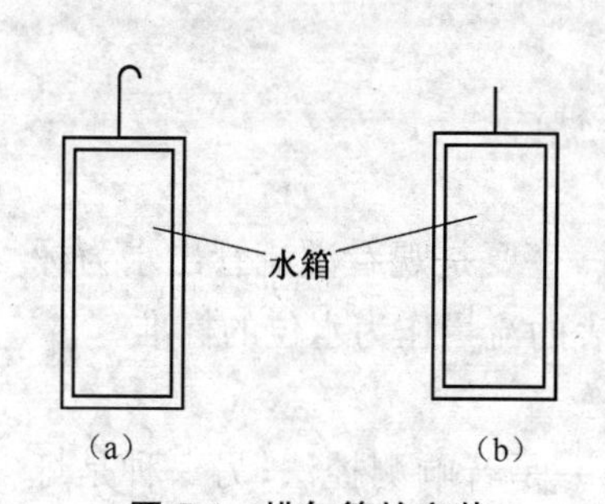

图 5-1　排气管的安装

(a)正确安装　(b)错误安装

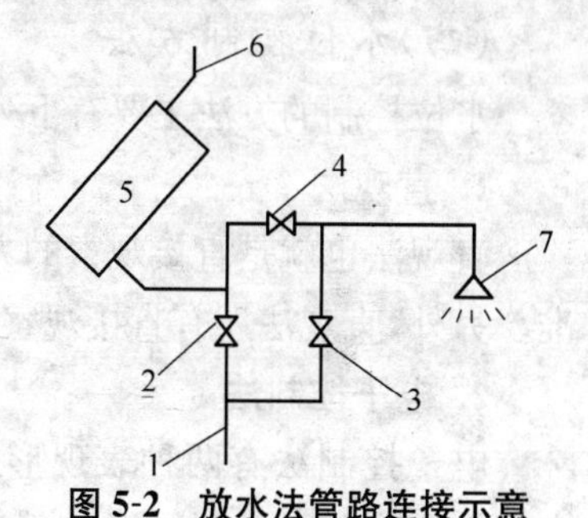

图 5-2　放水法管路连接示意

1. 进水管　2、3、4. 调节阀　5. 热水器　6. 排气管　7. 用水器具

2. 顶水法管路连接

当用水器具高于太阳能热水器时,则应采用顶水法管路连接,如图 5-3 所示。

3. 综合法管路连接

这种管路的连接就是放水与顶水方法的共同结合。该种方法主要适用于自来水水压不稳定地区或安装于屋顶上的热水器。压力过大时,可采用顶水法;压力较低时,又可采用放水法。其安装方法如图 5-4 所示。

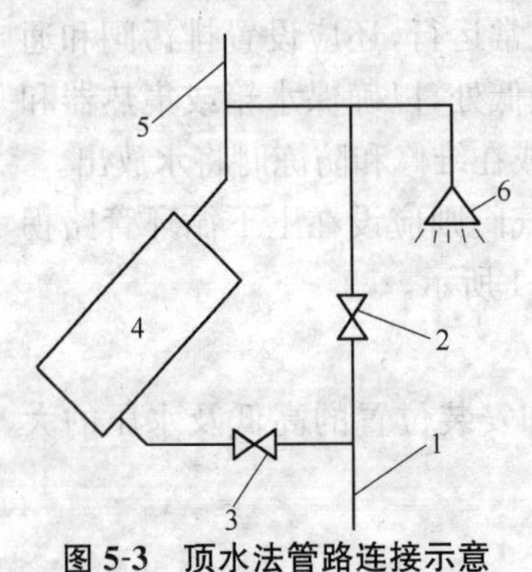

图 5-3 顶水法管路连接示意

1. 进水管 2、3. 调节阀 4. 热水器 5. 排气管 6. 用水器具

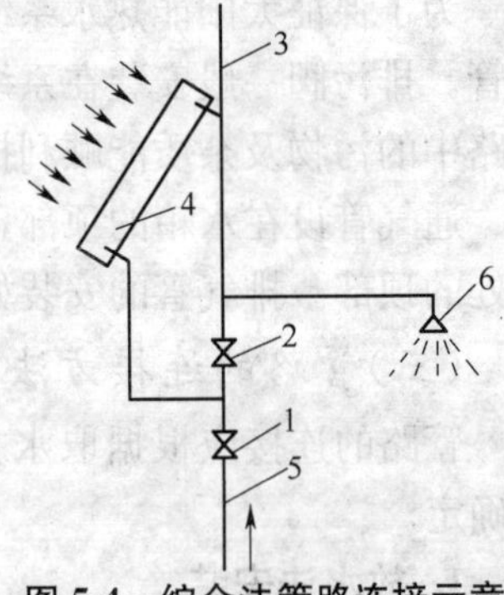

图 5-4 综合法管路连接示意

1、2. 调节阀 3. 排气管 4. 热水器 5. 进水管 6. 用水器具

(四)水位控制方法

水位控制的方法主要有下列二种：

1. 直观法

直观法也就是直接观察的方法，主要是观看溢流管出水为标准。另外，直观法还有直接观察水表的流量作为水位的标准。

2. 电子控制法

电子控制法有两种表现形式：一是音响测控法；另一种是灯亮测控法。前者是利用音响感应器件将水位信号转变成为声音的信号来控制水位的方法；后者是利用水满后触点开关将线路连通而信号灯发亮来控制水位。

二、家用太阳能热水器安装

家用太阳能的采光面积通常在 0.6～2m^2 之间，用户可结合家庭人口的多少和热水的需用量进行选购。

家用太阳能热水系统一般采用 ϕ10～15mm 粗的塑料软管进行连接。热水器采用支座式的应安装在屋顶上；分体壁挂式的可挂在屋檐下。不论采用哪种形式，均应固定牢固。

1. 真空管的安装

真空管集热器的安装顺序首先是安装水箱、支架、输水管道，最后再插玻璃真空集热管。在插真空集热管时，首先检查集热管内的密封橡胶圈的安装质量，胶圈上或集热管圆孔边缘上不能粘有聚氨酯或其他污物，密封圈必须放置平整，插集热管前在圈口上涂抹肥皂水。各集热管插入的深度应一致。

2. 集热器的连接方式

太阳能集热器并联连接时，进水口应在一端的管的上部，出水口在另一端的下部，中间各管连接时，顶部对顶部，底部对底部进行连接。

太阳能集热器采用串联连接时，进水口在一端的管的上部，出水口在另一端的下部，中间各管连接时，底部和顶部相连接。

太阳能集热器采用混合方式安装时应符合图 5-5 和图 5-6 所示方法。

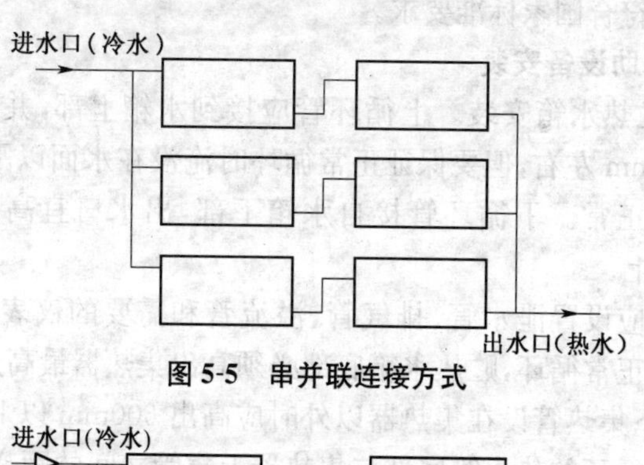

图 5-5　串并联连接方式

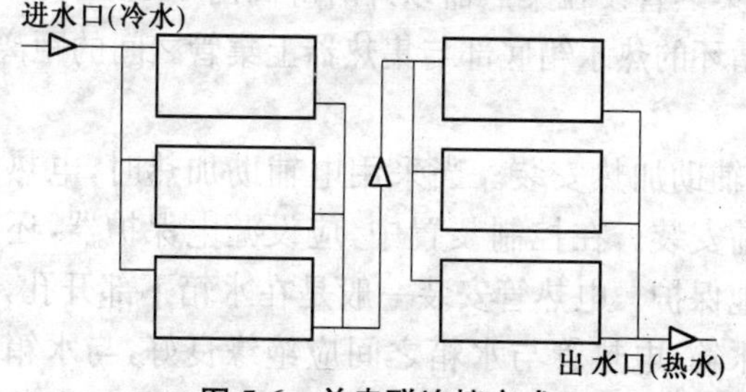

图 5-6　并串联连接方式

大面积热水系统集热器需要采用并联排列方式，将两个以上并联单体上端口用管道联成一体，将下端口也用管道联成一体，形成一个总的对角通路，其具体联接方式见图 5-7 所示。

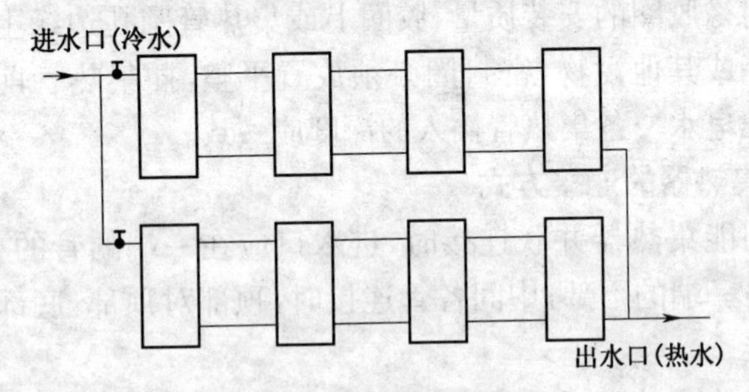

图 5-7　集热器并联排列

集热器安装合格后，必须进行防风加固处理。

集热器之间连管的保温在检漏试验合格后进行。保温材料及厚度应符合国家标准要求。

3. 辅助设备安装

(1)贮热水箱安装。上循环管应接到水箱上部，并比水箱顶部低 200mm 左右，但要保证正常循环时淹没在水面以下，能使浮球阀工作正常。下循环管接自水箱下部，出水口宜高出水箱底 50mm 以上。

水箱应设置泄水管、排气管、溢流管和需要的仪表装置。为保证水的正常循环，贮热水箱底部必须高出集热器最高点 200mm 以上，上下集热管设在集热器以外时应高出 600mm 以上。

自然循环的热水箱底部与集热器上集管之间的距离为 300～1000mm。

(2)电辅助加热安装。当采用电辅助加热时，电热管应在水箱保温之前安装。在控制装置中，应设漏电保护器，还必须对水箱进行接地保护。电热管安装一般是在水箱下部开孔，将电热管直接插入水箱，电热管与水箱之间应绝缘良好，与水箱的连接部位不能有渗水现象。电辅助加热的控制装置如果安装在屋顶之上，还要采取防雨和防雷保护措施。

4. 配水管道安装

由集热器上下集热管接往热水箱的循环管道，应有不小于5‰的向上坡度，便于排气。管路最高点应设置通气管或自动排水阀。

管路直线距离较长时，应安装伸缩节，以吸收温度变化产生的胀缩。循环管路最低点应安装泄水阀，每组集热器出水口应加装温度计。

管道上的管卡应固定牢固，并有一定的强度，层高在2500mm以内的应设1个立管支架。

电磁阀应水平安装，阀前应加装细网过滤器，阀后应加装调压作用明显的截止阀；水泵、电磁阀、阀门的安装方向应正确，不得反装。

5. 安装允许偏差

太阳能热水器安装的允许偏差应符合表5-1的规定。

表5-1 太阳能热水器安装的允许偏差

项目			允许偏差	检验方法
板式直管太阳能热水器	标高	中心线距地面(mm)	±20	尺量检查
	固定安装朝向	最大偏移角	不大于15°	分度仪检查

三、水压试验与调试

1. 水压试验与冲洗

太阳能热水系统安装完毕后，在设备和管道做保温层之前，应进行水压试验。并且各种承压管路系统应做水压试验，试验压力应符合设计要求。非承压管路系统和设备应做灌水试验。当设计未注明时，水压试验和灌水试验应符合给水排水设施安装要求。

当环境温度低于0℃进行水压试验时，应采取防冻措施。

系统水压试验合格后，应对系统进行冲洗，直至排出的水不浑浊为止。

2. 系统调试

系统安装完毕投入使用前，必须进行系统调试。系统调试应包括设备单机或部件调试和系统联动调试。

设备单机或部件调试应包括水泵、阀门、电磁阀、电气自动控制设备、监控显示设备、辅助能源加热设备等调试。调试应包括如下内容：

(1)检查水泵安装方向。在设计负荷下连续运转 2h，水泵工作应正常，无渗漏，无异常振动和响声，电动机电流和功率不超过额定值，温度在正常范围内。

(2)检查电磁阀安装方向。手动通断电试验时，电磁阀应开启正常，动作灵活，密封严密。

(3)温度、温差、水位、光照控制、时钟控制等仪表应显示正常，动作准确。

(4)电气控制系统应达到设计要求的功能，控制动作准确可靠。

(5)剩余电流保护装置动作应准确可靠。

(6)防冻系统装置、超压保护装置、过热保护装置等应工作正常。

(7)各种阀门应开启灵活、密封严密；辅助能源加热设备应达到设计要求，工作正常。

3. 系统联动调试

当设备单机或部件调试完成后，应进行系统联动调试。系统联动调试主要有如下内容：

(1)调整水泵控制阀门。

(2)调整电磁阀控制阀门，电磁阀阀前、电磁阀阀后的压力应处在设计要求的压力范围内。

(3) 温度、温差、水位、光照、时间等有关控制仪的控制区间或控制点应符合设计要求。

(4) 调整各个分支回路的调节阀门,各回路流量应平衡。

(5)调试辅助能源加热系统,应与太阳能加热系统相匹配。

系统联动调试完成后,系统应连续运行 72h,设备及主要部件的联动必须协调、动作正确,无异常现象。

三、太阳能照明

(一)组件及功能

太阳能照明是太阳能光伏技术的应用,这种技术是利用电池组件将太阳能转变为电能。太阳能光伏系统主要包括有:电池组件、蓄电池、控制器照明荷载等。

1. 太阳能电池

电池组件是利用半导体材料的电子学特性实现 P—N 转换的固体装置。太阳能照明灯具中的太阳能电池组件都是由多片太阳能电池并联构成的。常用的单一电池是一只硅晶体二极管,当太阳光照射到由 P 型和 N 型两种不同导电类型的同质半导电体材料构成的 P—N 结上时,太阳能辐射被半导体材料吸收,形成内建静电场,若在电场两侧引出电极并接上电荷就会形成电流。

2. 蓄电池

由于太阳能光伏发电系统的输入量极不稳定,所以就要配上蓄电池系统才能工作。太阳能电池产生的直流电先进入蓄电池储存,达到一定值时才能供应照明荷载。

3. 控制器

控制器的作用是使太阳能电池和蓄电池安全、可靠、稳定地工作,以获得最高效率并延长蓄电池的使用寿命。另外还具有电路短路的保护,防雷电保护和温度补偿等功能。

(二)特点

太阳能照明系统以太阳光为能源,白天充电、晚上使用。无需复杂昂贵的管线铺设,可任意调整灯具的布局,安全节能无污染,充电及开/关过程采用智能控制,自动开关,无需人工操作,工作稳定可靠，节省电费，免维护，适用于家庭或公共场所使用，如图5-8所示。

图 5-8 太阳能照明

第二节 室内采暖设施的安装

严寒和寒冷地区的农村，为了适应冬期的生活、工作环境，除了房屋的保温结构外，还要利用室内采暖设施进行取暖。

在这里，介绍一种适合农村所用的采暖设施及其安装。该种采暖炉不但可以采暖，还可作为生活用炉。

一、采暖炉的构造

1. 采暖炉的外形

根据农村所用燃料的不同，现在市场上有两种采暖炉：一种

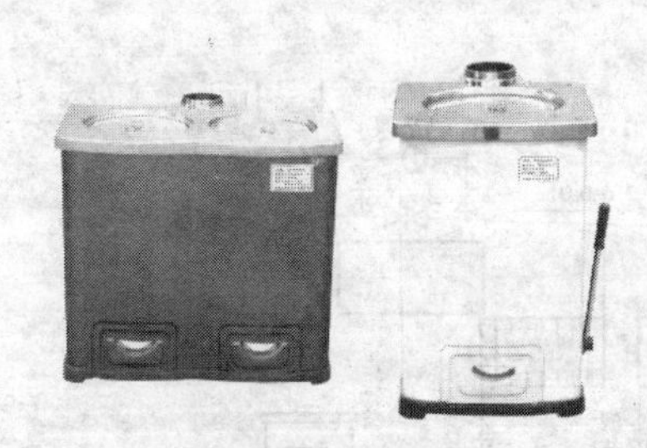

图 5-9　采暖炉实物

是用蜂窝煤为燃料的采暖炉，它有单炉芯和多炉芯之分；另一种是用散煤为燃料的采暖炉，如图 5-9 所示。

2. 采暖炉结构

采暖炉一般是由保温板、炉盘、岩棉等保温材料、水套等组成，具体构造如图 5-10 所示。

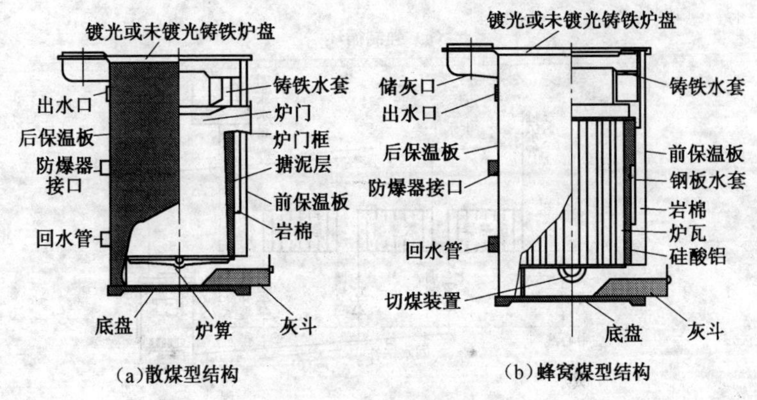

图 5-10　构造示意图

二、采暖炉的安装

1. 采暖炉安装的方式

室内采暖炉的安装分为自然循环和强制循环两种安装方式。各种方式的安装示意如图 5-11 所示。

2. 采暖炉安装位置

采暖炉应安装在通风良好的地方，不得安装在卧室或与之相通的房间内，以防煤气中毒。一般情况下多安装在楼梯间或前挑檐下。

3. 炉具烟囱的安装

烟囱的安装高度不得小于 4m，管径应一致；尽量减少弯头和

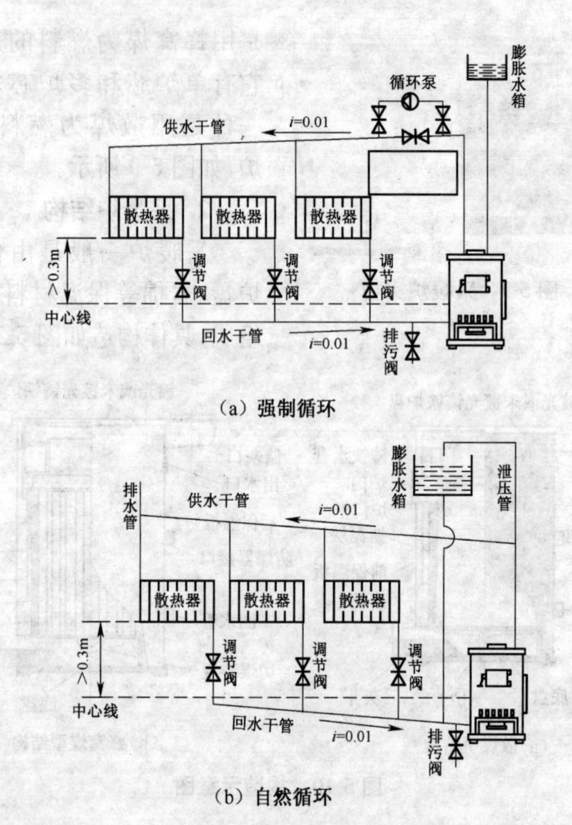

图 5-11　安装示意图

横向长度；烟囱顶上应加设风帽。

4. 支架、吊架安装

安装吊架时，依据设计要求先放线，定位后再把制作好的吊杆按坡向、顺序依次穿在型钢上。安装托架时也要先画线定位，再装托架。并要保证安装的支、吊架准确和牢固。支、吊架的间距不宜大于 2m。

5. 管套安装

采暖管道穿越墙壁和楼板时，应安装管套，管套内壁应做防腐处理。埋在楼板内的管套，其顶部应高出楼面装饰面 20mm，其底部应与板底相平；安置在墙壁内的管套，两端均应与装饰后的墙饰面相平；安装在卫生间、厨房间的管套的顶部应高出装饰面50mm，底面与楼板底部相平。

穿越楼板的管套与管道之间缝隙应用阻燃密实材料和防水油膏嵌填密实，端面光滑；穿墙管套与管道之间的空隙应用阻燃密实材料填实，端面应光滑。

安装管道时，管道接口不准留设在管套内。

6. 管道安装

炉具与供、回水管的连接应使用活动接头，以便于维修。室外的管道必须有良好的防冻保温措施。

供、回水干管直径应同炉子出水口直径相一致，不得随意变细，严禁在炉子与供、回水连接的管子上安装阀门。供、回水干管的坡度不得小于0.01。

当采用自然循环安装时，应尽可能使散热器的底部高于炉子中心300mm。如因条件限制，散热器不能抬高时，则应按强制循环式安装方式进行。

图5-12 安装实例

系统的总高度不得超过10m。安装实例见图5-12所示。

当热水管采用焊接法兰连接时，法兰应垂直于管的中心线。

用角尺找正法兰与管子垂直的位置，管端插入法兰，插入的深度应为法兰厚度的1/2。焊接时，法兰的外面均应焊接，法兰内侧的焊缝应凹进密封面。法兰焊接后应清除干净熔渣及毛刺，内孔应光滑，法兰盘面上应平整。法兰在装配连接时，两法兰应相互平行，垫片应采用橡胶石棉板，然后上紧螺栓。

管道从门窗、洞口、梁、柱、墙垛等处绕过，其转角处如高于或低于管道的水平走向，在其最高点或最低点应分别安装排气和泄水装置。

7. 支管安装

支管安装必须满足坡度要求。支管长度超过1500mm和2个以上转弯时应加设支架。立管与支管相交时，直径32mm以下的立管应摵弯绕过支管。摵弯采用热弯法时，弯曲半径不小于管外径的3.5倍；冷弯时，弯曲半径不小于管外径的4倍。

支管变径时应采用变径管箍进行连接。

连接散热器的支管坡度，当支管全长小于或等于500mm时，坡度值为5mm；大于500mm时，坡度值为10mm；当一根立管接往两根支管时，任其一根超过500mm，其坡度值为10mm。

三、散热器的安装

1. 散热器的组装

(1)散热辐射板、钢制散热器的型号及规格必须符合要求。

(2)散热器组装片数的多少与室内采暖面积有关。一般情况下，采暖炉所用的散热片，是按每片一平方米进行估计。

(3)散热器单组试压。散热器组对后，以及整组出厂的散热器在安装之前应做水压试验。试验压力如果设计无要求时应为工作压力的1.5倍，但不小于0.6MPa，在2～3min内，压力不降并且不渗不漏为合格。

试压时，打开进水阀门向散热器内注水。同时，打开放气门，排净空气，待水满后关闭放气门。

2. 散热器的安装

根据散热器的安装位置及高度，在墙面上画出安装中心线。

散热器背面中心与装饰后的墙内表面的安装距离应根据散热器的产品要求、设计去确定，如无要求时为30mm。

水平安装的圆翼型散热器，两端应使用偏心法兰。散热器与管道的连接，必须安装可拆卸的活动连接件。

安装在外墙内窗台板下的散热器，散热器中心要对准窗口中心线，凡不装窗框的，应以窗口两边窗间墙计算。

散热器的安装如图5-13所示。

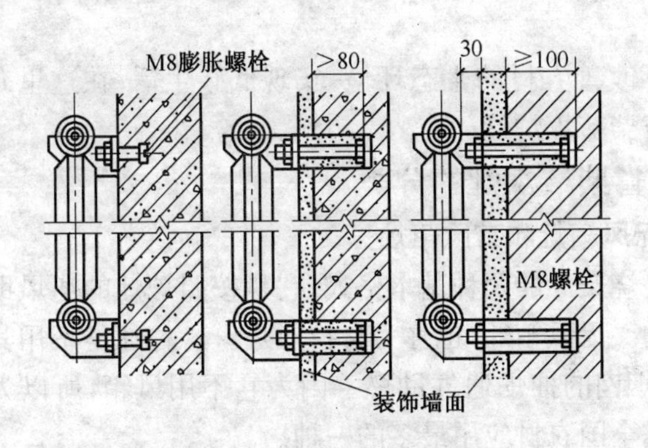

图5-13　铝合金散热器安装

四、采暖系统使用方法及注意事项

1. 注水

在采暖炉点火前，先往炉具中和采暖系统中加满水，并应充分排出系统内的空气。加满水后应立即点火，以防管道被冻坏。所加水应为洁净的软水或蒸馏水，以减少水垢的产生。

2. 点火生炉

在点火前，应对系统进行检查，当确定无漏水和管道无冻结时，方可点火。

散煤采暖炉点火时，应在炉箅上先放一些煤渣，再放入引燃物进行引燃。当引燃物燃烧后，在其上加入适量煤炭，盖上增热盖、炉圈和平盖，打开灰斗，使其进入正常燃烧状态。

3. 供热

当采暖炉点火后，炉内煤炭或蜂窝煤全部燃烧后，系统内的水会逐渐变热。当需要在炉上做饭时，取下炉盖、炉圈和增热盖，调整配风圈，盖严小火孔，拉开灰斗即可进行各种炊事。

第三节　家庭炉灶的砌筑

为了改善农村的生态环境，实现低碳生活，在这里介绍一种新型的省柴节煤炉灶。

一、省柴节煤灶的分类

1. 无风箱灶和有风箱灶

这是烧柴灶的两种基本格式，它是按照炉灶的通风助燃方式来确定的。无风箱灶，也称为自拉风灶。这种灶是不用其他辅助设施，靠烟囱的抽烟通气助燃。因为它不用风箱，所以为无风箱灶。这是全国农村应用最多的一种。

在山东、河南、陕西、山西等地农村，不论烧柴或者烧煤，在灶的一侧安放一个风箱或小鼓风机，靠强制通风进行助燃，如图 5-14 所示。

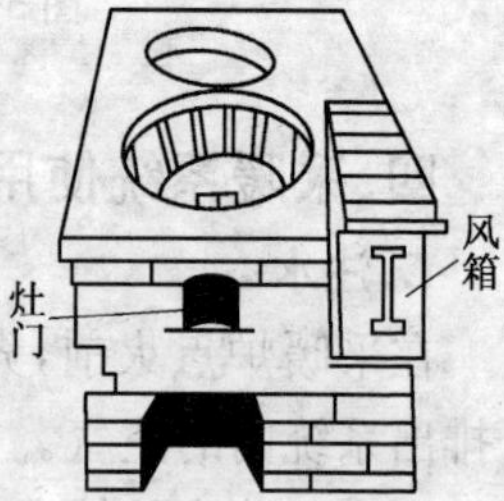

图 5-14　风箱灶

2. 前后拉风灶

这种灶是根据炉灶的烟囱和灶门相对位置而分前后的。

前拉风灶，烟囱在灶门的上方，灶门与炉箅之间的距离比较长，灶膛的容积比较大。这种灶主要用稻草为燃料，如图 5-15 所示构造。

后拉风灶，烟囱是在灶膛的后部，灶门与炉箅之间的距离比较短，灶膛都不设拦火圈。这种灶由于烟尘较少，被誉为“卫生灶”，使用范围也比较广，如图 5-16 所示。

3. 单双锅灶

这是按照用锅的数量和相应的烟囱来分类的，一般有单锅灶、双锅灶、两锅两门连囱灶等。

单锅灶是灶台上只安有一口锅，余热利用少，一般适用于人口很少的家庭使用。

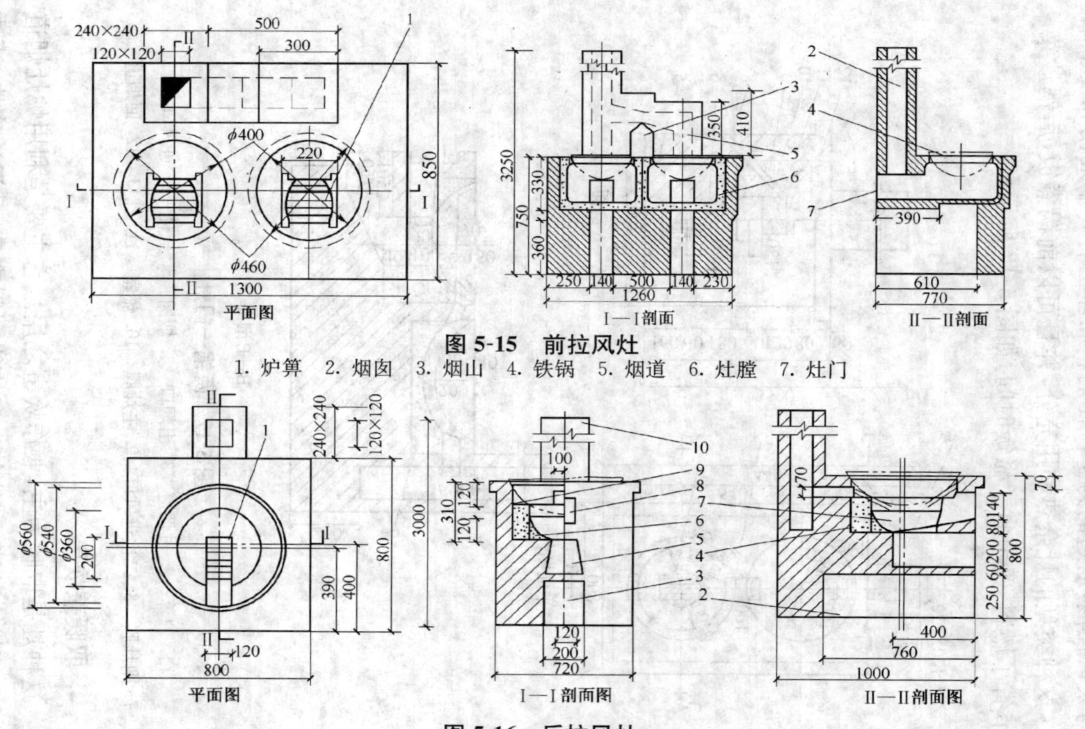

图 5-15　前拉风灶

1. 炉箅　2. 烟囱　3. 烟山　4. 铁锅　5. 烟道　6. 灶膛　7. 灶门

图 5-16　后拉风灶

1. 炉箅　2. 进风洞　3. 灶门　4. 出烟口　5. 铁锅　6. 灶膛　7. 保温层　8. 拦火圈　9. 风斗　10. 灶体

两锅一门连囱灶，即在灶台上的前后位置有两口锅，灶门口处为大口径锅，后边的为小口径锅。灶体上有一个灶门和一个烟囱。这种类型的灶余热利用充分，并且可以前锅煮饭，后锅炒菜。即节省了燃料，又节省了做饭时间，如图 5-17 所示。

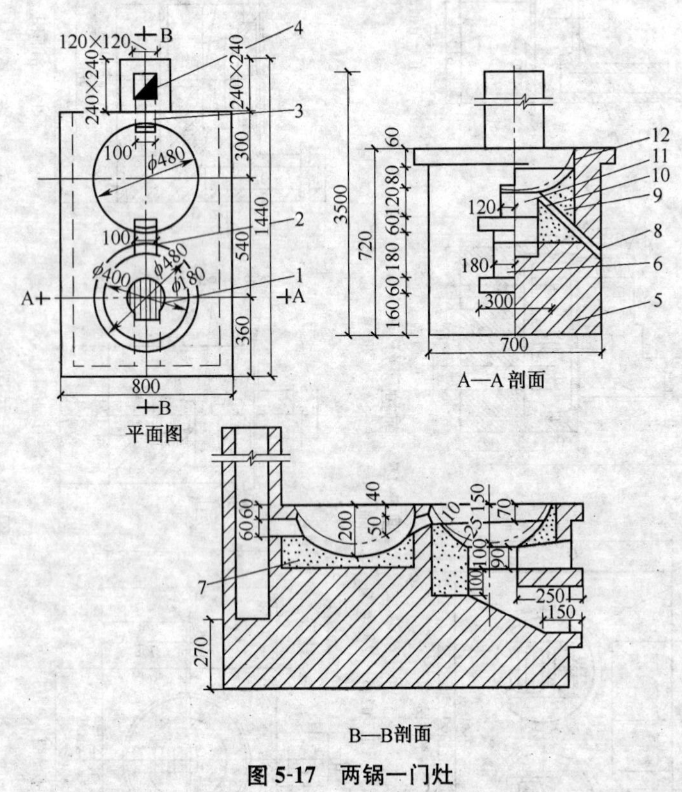

图 5-17　两锅一门灶

1. 炉箅　2. 过烟道　3. 出烟口　4. 烟囱　5. 灶体　6. 进风口
7. 副灶膛　8. 二次进风口　9. 主灶膛　10. 燃室　11. 灶口　12. 回烟道

4. 取暖兼炊事

这种灶是取暖为主，兼作炊事之用。它主要是利用炉灶烟道与暖房相结合的形式，使其具有热能利用率高、升温速度快、清洁卫生、节柴适用等特点，如图 5-18 所示。

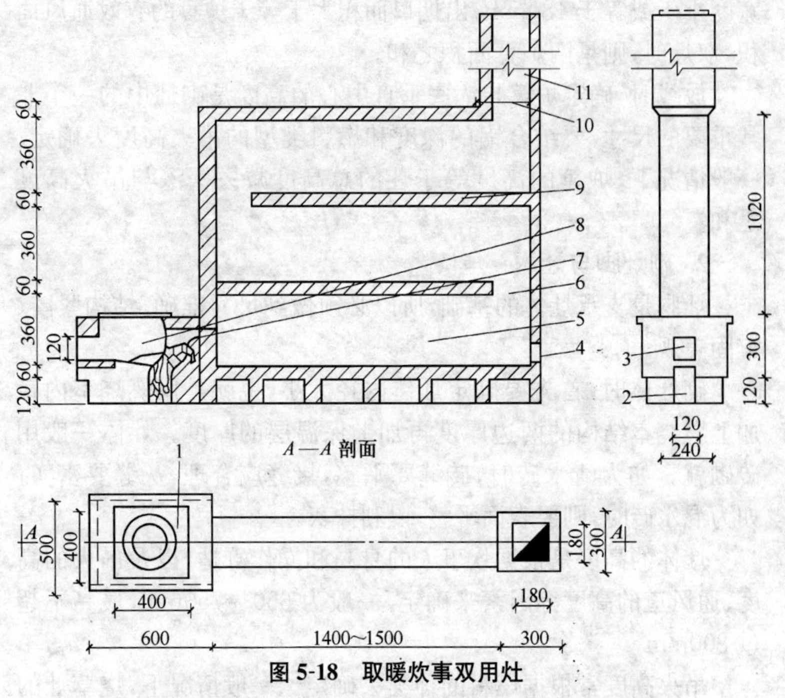

图 5-18　取暖炊事双用灶

1. 盖板　2. 进风洞　3. 灶门　4. 出灰洞　5. 烟道　6. 过烟口
7. 炉箅　8. 灶膛　9. 分烟板　10. 烟闸板　11. 烟囱

二、炉灶的砌筑施工

(一)灶体外施工

1. 夯基与放样

首先要考虑厨房的大小与厨房面积的利用率，力求将灶建在操作方便和采光明亮的位置。当灶址选好后，应对所建炉灶的地方进行铲平夯实，保证灶体和烟囱在使用过程中不会变形破坏。

放样就是在砌筑炉灶的地方确定烟囱、锅具等的具体位置。然后将砌灶砖块排出灶底及烟囱、锅具的形状大小。立面放样时，应在墙面上标出灶台的标高、灰洞、灶门、吊火的高度等。

出烟口的上沿高度等于灶高减去 30～50mm，出烟口的内壁宽度小于或等于180mm，出烟口面积大于等于炉箅的有效通风面积，双灶时，则是两炉箅面积之和。

放线时，确定炉箅与锅底垂直中心的高度是砌灶中的一个非常重要的尺寸，要结合锅的深度和燃料类型的吊火高度去确定。一般情况下，炉箅的高度等于灶的总高度减去锅深与吊火高度之和。

2. 砌灶脚与灶体

灶脚是支承灶体的基础，所以必须做到尺寸准确、结构紧凑、牢固美观。

砌灶体时，首先要确定灶体内径大小，也就是用燃烧室内径加上燃烧室结构的两边厚度再加上保温层的厚度。灶体一般用砖砌就。如为清水砖时，砖缝要平整，接缝应合理，灰缝要密实；如为混水砖时，则要表面平整，以利抹灰。

灶体的高度是根据炊事人的身高和操作舒适，以及吊火的高度、通风道的高度等因素来确定，一般为650～750mm，最高不超过800mm。

吊火高度常根据燃料的种类去确定。一般情况下，烧草灶的吊火高度为150mm；烧柴为主的吊火高度为120mm；烧煤灶的吊火高度不得超过120mm。

3. 灶台与锅边

灶台是灶体的上平面，也是炊事时放置其他用具的地方。灶台的尺寸或形状应根据自身的爱好去确定。台面最好是用水泥砂浆抹面，做到表面平整无裂纹，棱角整齐。

锅边是锅放在锅口上后台面与锅外边的接触面。抹锅边砂浆时，应边抹灰边用锅试看，应使锅沿超出台面30mm。

4. 烟囱

烟囱大多用砖块砌筑。在砌筑烟囱时，烟囱应高出屋脊面500mm；烟囱必须保持垂直，砌筑时要不断进行吊线测量；灰缝要饱且密实，密闭不漏气，囱内壁应光滑无阻；烟囱底部应有清灰洞。

(二)灶体内施工

1. 进风道

进风道是炉箅下面的空间结构。它的作用就是供氧助燃,并存储灶灰。进风管的宽度和高度可取锅径的1/4,纵深与炉箅里边平齐。进风道大多砌成斜坡式。为保证进风顺利,进风道内表面应光滑。

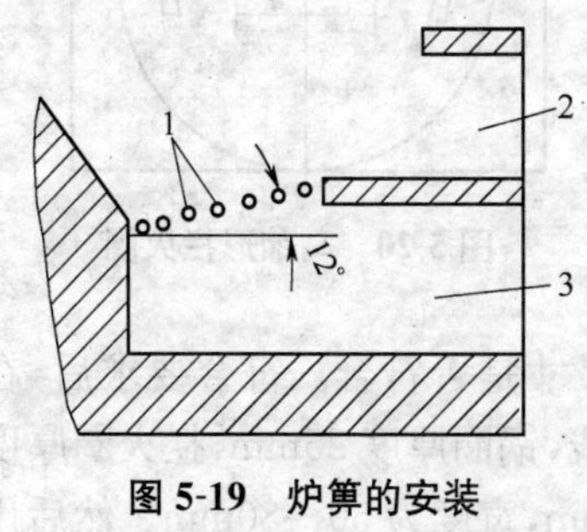

图 5-19　炉箅的安装

1. 炉箅　2. 灶门　3. 进风道

2. 炉箅安装

在进风道上量出锅底中心线位置,以此为标准确定炉箅的安装位置。炉箅的安装角度从外向里倾斜12°左右。属于前拉风灶的有风箱的炉灶,炉箅可以平放。烧柴草的炉箅要横放于灶膛。如图5-19所示。

炉箅的间距是根据燃料的品种来确定,一般烧秸草的宜宽,大多为10～15mm;烧散煤的要窄,一般不超过7mm。

3. 填放保温材料

保温材料各地可根据当地保温材料的资源去选择,一般可用锯末、炉渣或矿岩棉、膨胀珍珠岩等。

4. 燃烧室的抹灰

燃烧室是指炉箅上部到拦火圈之间的空间。燃烧室特有的几何形状,可以改变热能的辐射和对流作用。燃烧室有长方形和圆形之分。长方形是围着炉箅的上方砌面宽120～140mm、高60～80mm的长方形,其上口内缘与锅底之间有50mm左右的间隙。

圆形燃烧室还有喇叭形、圆柱形等变形形式,圆弧可以对锅起到聚热和反射作用,有利于热能的应用。

燃烧室内抹灰可用黏土加麦草的泥浆进行，这样可有效地保护灶体。

5. 拦火圈

拦火圈有锅底形和马蹄形，如图 5-20 所示。

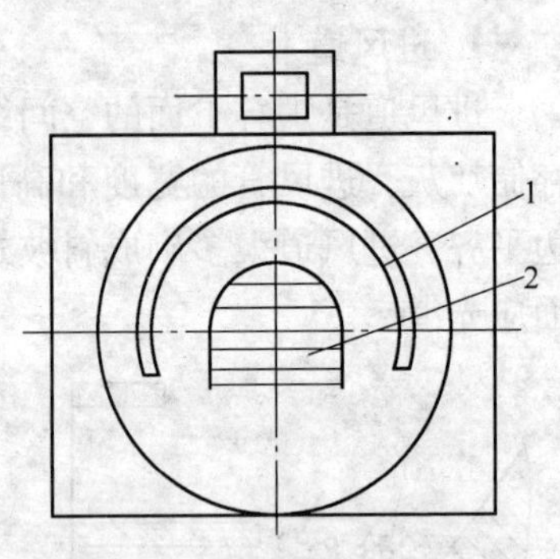

图 5-20　马蹄形拦火圈

拦火圈应经过几次试烧后才能定型。拦火圈可用黏土掺麻刀、和少量盐的硬泥进行。将拌合的硬泥抹成锅底形状的初坯，其厚度不小于 50mm。若是锅底形的拦火圈，要将锅放上去压一压，并用力按住锅左右旋转几下，然后将锅取下观看成型和尺寸是否符合。符合要求后，在初坯上切出锅圈、排烟道、回烟道线，锅圈厚度 25mm，拦火圈厚度 30mm，排烟道、回烟道深 30～40mm，宽度为 50～80mm。然后用平头抹子沿线切 30mm 深的出烟槽，烟槽要略有弧度。

6. 砌出烟道

出烟道的作用是通过它的断面通路把烟囱内产生的抽风力，由静压转变为空气流动的动压，加大烟气的流速。出烟口位于灶膛的最高处，其上沿一般低于锅台面 30～40mm。

砌出烟道时，出烟道的截面尺寸应符合要求，从进口到出口要圆滑过渡，以降低排烟的阻力。

7. 炉灶的试烧

试烧，就是在砌好灶后向锅里加水，点火加热。在试烧中，主要就是查看。一看火势：所生的火是不是有旺势，火焰是否扑锅底，查看锅中水沸腾时的位置是处于中心还是偏离中心，并且还要对烟囱出烟的势和量进行查看；二看烟在灶膛内的动向。所谓动向，就是在灶膛内的烟是被烟囱抽去，还是从灶门冒出；三看烧过的灰的颜色，凡是烧过的灰，颜色应为白色，说明燃烧充分。同时，要看排出的烟色也应为白色。经过“一火二烟三颜色”的观察，全部符合要求时，说明灶的砌筑指标达到了预期目的。否则，就要结合具体情况进行修整。在观察中，如发现炉中火势虽旺，但火焰只燎锅底，说明吊火高，应适当降低其高度，否则应增加高度。火苗偏向出烟口方向，则说明靠近烟囱的拦火圈有些低。如果火头不旺，灶门处出烟，则说明拦火圈间隙过小，或出烟口太小。反之，燃烧时发出“噼噼啪啪”的响声，则表明烟囱抽力太强，则应堵些出烟口或拦火圈的高度，有的也可以利用灰洞进行控制。

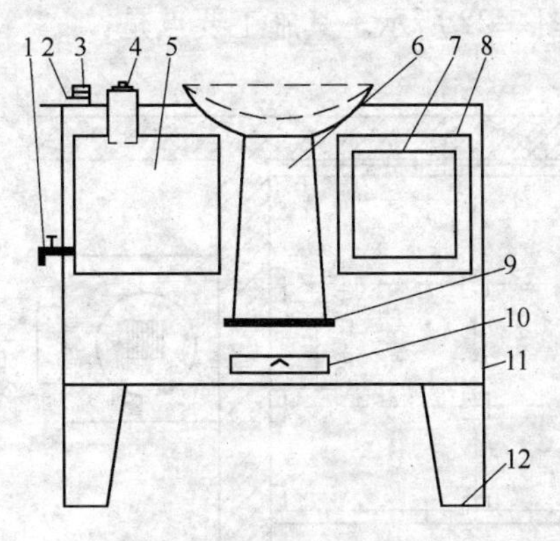

图 5-21　成品多功能灶

1. 放水开关　2. 控制插板　3. 排烟孔
4. 进水口　5. 热水箱　6. 炉胆
7. 烤箱门　8. 烤箱胆套　9. 炉箅
10. 进风抽屉　11. 框架　12. 支脚或滑轮

在当前，各地采用钢板、不锈钢板或铝板等材料生产了许多类型的多功能成品灶具。如经济条件允许的话，可购买这种灶具，如图 5-21 所示。

第四节　家庭火炕和火墙砌筑

火炕和火墙是寒冷地区农村取暖的主要设施。它结构简单，方便实用。就是在电暖、汽暖的时代，火炕、火墙还继续发挥着作用，为人们提供取暖。

一、架空火炕的砌筑

架空火炕是农村中取暖的“土产品”，也是灶炕联用的新炕体。它不但有节柴省煤的经济效益，而且还具有热源利用的综合效益，是寒冷地区或其他地区实现温暖过冬的有效农家设施。

火炕在各地的砌筑形式也是多种多样的。一般按烟道的形式不同来分，主要有直洞炕、回火炕；按炉灶位置不同来分，主要有床型架空火炕、侧炕火炕等。在这里主要介绍预制架空火炕。

预制组装架空火炕主要由炕底板、支柱、炕墙、阻烟墙、烟插板、保温层、炕面板等组成。

架空火炕的砌筑平面如图 5-22 所示。其施工要点是：

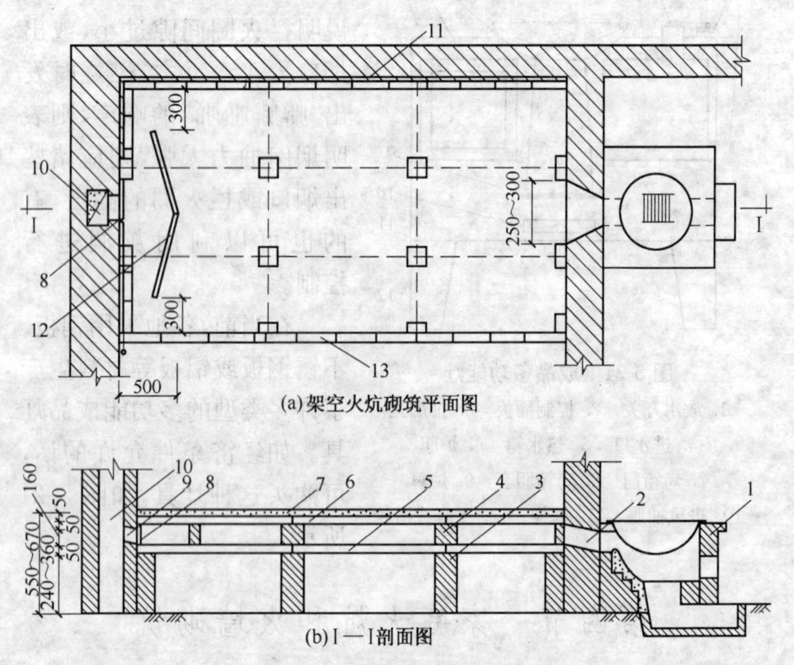

图 5-22　架空炕砌筑平面图

1. 灶　2. 进烟口　3. 底板支柱　4. 炕面板支柱　5. 炕底板　6. 炕面板　7. 炕面　8. 烟插板　9. 排烟口　10. 烟囱　11. 保温墙　12. 分烟墙　13. 前炕墙

1. 地面处理

架空火炕的底板是用多个立柱支承在地面上，所以地面必须夯实，不得产生任何下沉现象。

2. 放线

在砌筑架空炕时，要按准备好的炕板大小确定炕的位置。操作时，先量测出每块炕板的长、宽尺寸，然后在架空炕位置的地面上用粉笔画出每块炕板的位置，使每个立柱正好砌筑在炕板的交叉点的中心位置上。

3. 砌筑与炕板的摆法

砌筑时必须拉准线。并要使炕梢和炕上的灰口稍大些，炕头和炕下的灰口可稍小些，使炕梢稍高于炕头，高低差值为20～30mm；底板支柱的长×宽×高的截面尺寸为120×120×370(mm)。

安放架空底板时，要选好三块棱角齐全、边线顺直的板安放在外侧，并要先从里角开始逐块安放。安放完毕后要使炕头、炕梢的宽度保持一致，炕墙处外口板要用线将底角拉直，为砌筑炕墙打基础。底板全部安装合格后，采用1∶2的水泥砂浆将底板的缝隙抹严。然后再按5∶1合成的草泥，在底板上层普抹一遍，厚度不少于10mm，然后采用筛选好的干细炉渣放在上面刮平压实，从而起到严密、平整、保温的作用。

4. 炕墙与炕内支柱的砌筑

砌筑炕墙时应拉线进行，应采用1∶2的水泥砂浆做口，立砖砌筑，炕墙的砌筑高度为：炕梢240mm，炕头260mm。

炕内支柱的多少取决于炕面板的大小。炕内中间的支柱可比炕上炕下两侧的支柱稍低15mm，同时在冷墙体的内壁和其他墙体处砌出炕内围墙，这种围墙既作炕面板支柱，又作冷墙体的保温墙体。火炕内支柱的高度为：炕头120×120×180(mm)，炕梢为120×120×160(mm)。炕内支柱的布置按图5-23所示。

5. 保温处理

架空炕炕内接触的外墙体为冷墙，对这部分墙体要进行保温处理，避免产生火炕不热的影响。所以，在砌筑这部分墙体时，要求采用立砖横向砌筑，并与冷墙内壁之间留出50mm宽的缝隙，里面填放珍珠岩或干细炉灰等保温耐火材料，上面用草泥抹严。

从图5-23还可以看出，在炕梢处，还设有一个人字形的阻烟墙。这种处理，可使炕梢烟气不能直接进入烟囱内，并使烟气在

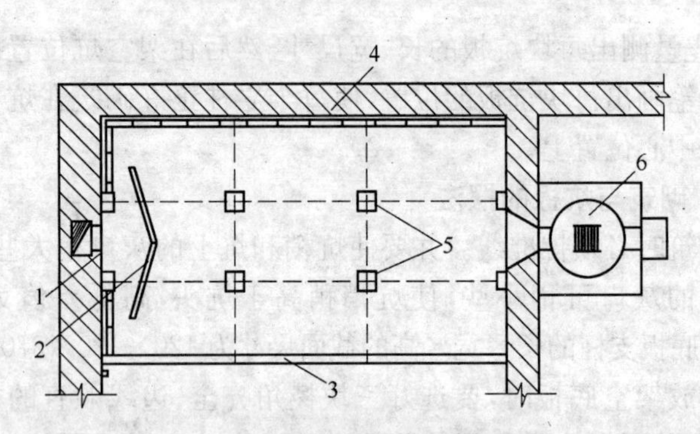

图 5-23　架空火炕结构平面示意

1. 炕梢烟插板　2. 炕梢阻烟墙　3. 炕墙　4. 保温层　5. 支柱　6. 节煤灶

烟囱的进口由急流变为缓流，保证了炕梢上下的温度均匀。这种阻烟墙一般采用砖块砌筑，其尺寸为 420×160×50(mm)，内角为 150°左右。阻烟墙的两端距炕梢墙体为 270～340mm，并且应把阻烟墙顶与炕面板下面用砂浆抹严，不得产生漏烟。

6. 烟插板

安装烟插板时，首先将制好的烟插板放在火炕出烟口处，底部用水泥砂浆垫平，两边待砌炕内围墙时用砖挤住。烟插板的顶部高度不得高于两边围墙高度，可略低 5mm。烟插板的拉杆从炕墙处引到外侧。烟插板的尺寸以挡住排烟口为宜。

7. 炕面板的安装

炕面板安装时，应采用草泥或其他粘结材料在炕内墙顶面抹 10mm 厚，保证炕面板接触的下部与墙体间不得产生任何缝隙。并使整个炕面板炕梢略高于炕头，炕上略高于炕下，炕上炕下略高于中间最佳。

8. 炕墙的装饰

为了美化室内环境，增加炕体的美观性，可采用瓷砖进行炕墙面的粘贴。

二、火墙的砌筑

火墙是通过烟气在墙内流动进行散热的一种取暖方式。火墙的外壁用普通砖砌成，中间为空洞的墙，其高度视房屋的高度确定，宽 240mm 或 360mm。

火墙的砌法如砌空心墙相同，一般用黏土作为粘结材料。砌筑时灰缝要饱满。墙面内挤出的缝灰应随时用瓦刀刮起，不得将砖块和泥巴掉入火墙之内，保证做到不堵塞、不透风、不漏烟。火墙与火炕交接处要畅通，底部要留清灰口。火墙的结构形式如图 5-24 所示。

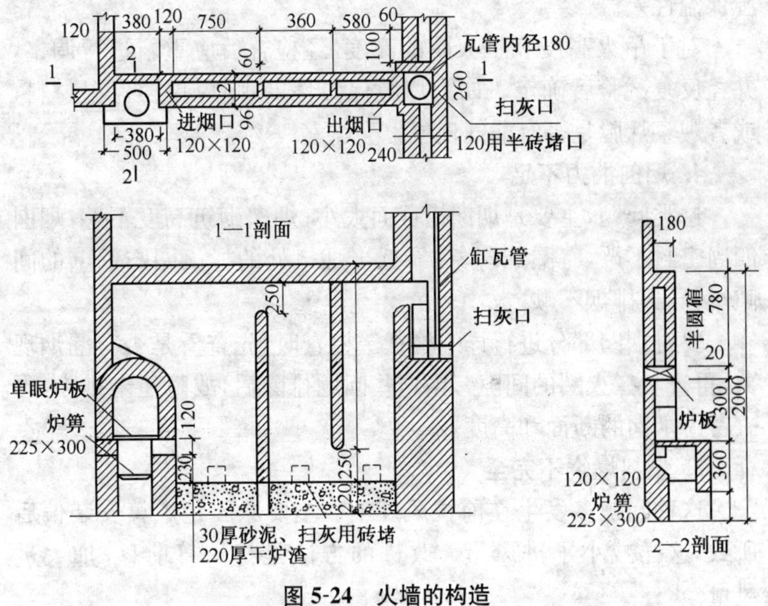

图 5-24　火墙的构造

三、灶炕常见故障与排除

1. 新灶点火困难

(1)灶体和灶膛太湿。遇到这种情况，不能判断灶或炕有问题，可以先用燃料进行烘干处理。

(2)炉箅间隙大。炉箅间隙过大，进风也就比较大。这样，在开始点火时先控制进风量，堵住烟囱闸板。

2. 灶门口回烟

产生这类问题时，主要可能是拦火圈上沿与锅壁间的间隙过小；回烟道断面尺寸比较小；烟囱堵塞或大气气压低。

要针对上述原因逐项检查排除。

3. 升温速度慢

主要原因可能是：吊火高度太大，燃烧温度不能充分利用；进风量小，导致燃烧不充分；拦火圈太低，火直接进入烟道排出；灶膛保温性差。

对于吊火高度和拦火圈的高度，经检查后应重新进行调整，并经反复试验后确定。如为灶膛保温性差，则应更换保温材料，或者观察灶膛是否有漏气现象。

4. 烟囱抽力不足

这类问题，主要是烟囱横截面太小；烟囱砌筑高度不够；烟囱四周密封不严，有漏烟现象；靠近出烟口处的拦火圈与锅壁的间隙小，导致排烟不顺。

要对烟囱部分进行详细检查。检查时，先查看是否有漏烟现象，再查看拦火圈的间隙。当这些问题排除后，故障还未排除，再去考虑烟囱的断面和高度。

5. 燃料燃烧不完全

这种问题多发生在前拉风灶上。主要原因是炉箅安装偏后所致，这样减小了进风量。改进的方法是将炉箅前移，加大进风量。

第六章　新农村建筑电气安装

近几年，由于新农村住宅不断升级，室内电气的品种、数量、档次发生了翻天覆地的变化，电视、空调、电磁炉、电脑等现代电器的普遍应用，对室内电气工程的安装提出了更高的要求。所以，加快新农村电气化基础设施建设，促进农村经济发展，改善农民生产生活质量是新农村建设的重要任务。

第一节　新农村电力、电信规划

国家为了完善农村电力基础设施建设，促进农村经济发展，改善农民生产生活环境，积极服务新农村建设，提出了“新农村、新电力、新服务”的农电发展战略，积极实施新农村电气化建设“百千万”工程。这些举措为新农村建设注入了强劲的能源保障和动力支持，各地农村应在当地政府的统一指导下，做好电力、电信工程的规划工作。

一、电力工程规划

要进行农村输电与配电建设，就需要有规划和设计，农村电力工程规划是在农村总体规划阶段进行编制的。它是农村总体规划的一部分。

1. 电力工程规划的内容

农村电力工程规划，必须根据每个农村的特点和对农村总体规划目标要求来编制。电力工程规划一般由说明书和图纸组成，它的内容有：分期负荷预测和电力平衡，包括对用电负荷的调查分析，分期预测农村电力负荷及电量，确定农村电源容量及供电量；农村电源的选择；发电厂、变电所、配电所的位置、容量及数量的确定;电压等级的确定;电力负荷分布图的绘制;供电电源、变电所、配电所及高压线路的农村电网平面图的总合。

2. 电力网的敷设

电力网的敷设,按结构分有架空线路和地下电缆两类。不论采用哪类线路,敷设时应注意:线路走向力求短捷,并应兼顾运输便利;保证居民及建筑物安全和确保线路安全,应避开不良地形、地质和线路易受损坏的地区;通过林区或需要重点维护的地区和单位时,要按有关规定与有关部门协商处理;在布置线路时,应不分割农村建设用地和尽量少占耕地,不占良田,注意与其他管线之间的关系。

确定高压线路走向的原则是:线路应短捷,不得穿越农村中心地区,线路路径应保证安全;线路走廊不应设在易被洪水淹没的地方和尽量远离空气污浊的地方,以免影响线路的绝缘,发生短路事故;尽量减少线路转弯次数;与电台、通信线之间保持一定的安全距离,60kV 以上的输电线、高于 35kV 的变电所与收讯台天线尖端之间的距离为 2km;35kV 以下送电线与收讯台天线尖端之间的距离为 1km。

钢筋混凝土电杆规格及埋设深度一般在 1.2~2.0m 之间。当电杆高度为 7m 时,埋深 1.2m;8m 长电杆,埋深为 1.5m;9m 长度,埋深 1.6m;10m 长度,埋深 1.7m,长度为 11m、12m、13m 时,其埋设深度分别为 1.8m、1.9m、2.0m。

电杆根部与各种管道及沟边之间应保持 1.5m 的距离,距消火栓,贮水池等应大于 2m。

直埋电缆的深度(10kV)一般不小于 0.7 米,农田中不小于 1m。直埋电缆线路的直线部分,若无永久性建筑时,应埋设标桩,并且在接头和转角处也应埋设标桩。直接埋入地下的电缆,埋入前需将沟底铲平、夯实,电缆周围应填入 100mm 厚的细土或黄土,土层上部要用定型的混凝土盖板盖好。

二、电信工程的规划

新农村电信工程包括电话通信、有线广播、有线电视和宽带网络系统等。电信工程规划作为新农村总体规划的组成部分，由当地电信、广播、有线电视和规划部门共同负责编制。

1. 通信线路布置

电信系统的通信线路可分为无线和有线两类，无线通信主要采用以电磁波的形式传播，有线通信由电缆线路和光缆线路传输。通信电缆线路的布置原则为：

(1)电缆线路应符合农村远期发展总体规划，尽量使电缆线路符合城市建设有关部门的规定，使电缆线路长期安全稳定地使用。

(2)电缆线路应尽量短直，以节省线路工程造价，并应选择在比较永久性的道路下敷设。

(3)主干电缆线路的走向，应尽量和配线电缆的走向一致、互相衔接，应在用户密度大的地区通过，以便分线供线。在多电信部门制的电缆网路的设计时，用户主干电缆应与局间中继电缆线路一并考虑，使线路网有机地结合，技术先进，经济合理。

(4)重要的主干电缆和中继电缆宜采用迂回路线，构成环形网络以保证通信安全。环形网络的构成，可以采取不同的线路。但在设计时，应根据具体条件和可能，在工程中一次形成；也允许另一线路考虑线路网的整体性和系统性，在以后的扩建工程中逐渐形成。

(5)对于扩建和改建工程，电缆线路的选定应首先考虑合理利用原有线路设备，尽量减少不必要的拆移而免使线路设备受损。如果原电缆线路不足时，宜增设新的电缆线路。

电缆线路的选择应注意线路布置的美观性。如在同一电缆线路上，应尽量避免敷设多条小对数电缆。

(6)注意线路的安全和隐蔽，避开不良的地质环境地段，防止复杂的地下情况或有化学腐蚀性的土壤对线路的影响，防止地面塌陷、土体滑坡、水浸对线路的损坏。

(7)为便于线路的敷设和维护,避开与有线广播和电力线的相互干扰,协调好与其他地上、地下管线的关系,以及保证与建筑物间最小间距的要求。

(8)适当考虑未来可能的调整、扩建和割接的方便,留有必要的发展变化余地。

在下列地段,通信电缆不宜穿越和敷设:今后预留发展用地或规划未定的地区;电缆长距离与其他地下管线平行敷设,且间距过近,或地下管线和设备复杂,经常有挖掘修理易使电缆受损的地区;有可能使电缆遭受到各种腐蚀或破坏的不良土质、不良地质、不良空气和不良水文条件的地区,或靠近易燃、易爆场所的地带;如采用架空电缆,而严重影响农村中主要公共建筑的立面美观或会妨碍绿化的地段;可能建设或已建成的快车道、主要道路或高级道路的下面。

2. 广播电视系统规划

广播电视系统是语音广播和电视图像传播的总称,是现代农村广泛使用的信息传播工具,对传播信息、丰富广大居民的精神文化生活起着十分重要的作用。广播电视系统分有线和无线两类。尽管无线广播已日益取代原来在农村中占主导地位的有线广播,然而,有线电视、数字电视却在现代城镇和农村逐步普及,是新农村居民获得高质量电视信号的主要途径。以下,对有线电视台址的选择作一个简要介绍。

根据新农村的实际情况和区域条件,既可自行设置有线电视台,以及接受无线电视信号并通过有线电视线路传输给用户,也可在一定区域范围内集中设置有线电视台并实行区域传输。无论何种方式,有线电视台址的选择应做到:

(1)尽量设在用户负荷中心,以节省线路网建设费用,缩短传输路径并保证传输质量。

(2)尽量设在环境安静、清洁和无噪声干扰的地方,并避免潮湿和高温环境。

(3)具有良好的地质、水文条件。

(4) 远离磁场、强电场设施,以免产生干扰。

有线电视与有线电话及计算机网络同属于弱电系统,其线路布置的原则和要求基本相同,规划时,可参考通信及计算机网络线路的设置与布置。

第二节　低压电器安装

低压电器安装工程,是指配电线路中必须配备的常规控制装置,如行程开关、起动器、保护器等电器的安装。

一、安装要求

1. 安装前检查

(1)产品的铭牌、型号、规格应与被控制线路或设计要求相一致。

(2)产品的外观质量应符合要求,没有变形、脱漆现象,其他操作件无损坏。

(3)仪表、瓷件、胶木电器等应无裂纹与伤痕。

(4)螺栓没有脱落,并紧固良好。紧固件无松动,铅封完整。

(5)所带的附件齐全,完好无损。

2. 安装方式及高度

(1)低压电器安装的高度应符合表 6-1 中的规定。

表 6-1　低压电器安装尺寸

安装方式	安装尺寸(mm)
落地安装的低压电器,其底部至地面距离	50～100
操作手柄转轴中心至地面距离	1200～1500
侧面操作的手柄至建筑物或设备的距离	≥200

(2)低压电器的固定方式,应符合表 6-2 中的要求。

表 6-2　低压电器固定方式

固定方式	技术要求
在结构构件上	(1)根据不同结构,采用支架、金属板、绝缘板等固定在墙或柱上
	(2)金属板、绝缘板的安装必须平行
	(3)采用卡轨支撑安装时,卡轨应与低压电器匹配,并用固定夹或固定螺栓与壁板紧密固定
膨胀螺栓固定	(1)根据产品技术要求选择相应的螺栓
	(2)依据螺栓的规格确定钻孔直径和深度
固定操作	(1)固定时,不得使产品受到较大振动
	(2)若在砖体上固定,严禁使用射钉固定
	(3)有防振要求的,固定时应加减振装置。并且紧固螺栓应有防松措施

(3)固定间距。低压电器成排或集中安装时应排列整齐,器件间的距离应符合要求,并应便于操作和维护。

(4)低压电器的安装应与土建作业相配合,保证预留孔洞或预埋件符合设计要求。

3. 外部接线与绝缘测试

(1)在电器外部进行接线时,应排列整齐、美观、清晰,导线应绝缘良好。

(2)接线时应按电器外部接线端的相应标志与其电源配线相连接。

(3)电源侧进线应接在固定触头的接线端,负荷侧出线应接在可动触头接线端。

(4)采用铜质导线或有电镀金属防锈层的螺栓和螺钉,连接时应拧紧,并有防松的措施。

(5)电源线与电器连接时,接触面应洁净,严禁有氧化层。连接处同相母线的最小电气间隙应符合下列规定：额定电压 $U \leqslant$ 500V 时，最小电气间隙为 10mm；额定电压 $500 < U \leqslant 1200$V 时，为 14mm。

(6)对额定工作电压不同的电路，应分别进行绝缘电阻的测量。低压电器绝缘电阻的测量应在下列部位进行：主触头处于断开位置时，在同极的进线端及出线端之间测量；主触头处于闭合位置时，在不同极的带电部件之间、触头与线圈之间以及主电跨与同主电路不直接连接的控制电路和辅助电路之间测量；主电路、控制电路、辅助电路等带电部件与金属支架之间测量。

二、低压熔断器安装

低压熔断器是低压配电电路中作为过载和短路保护用的一种装置，具有较大的防护功能。常用的熔断器如图 6-1 所示。

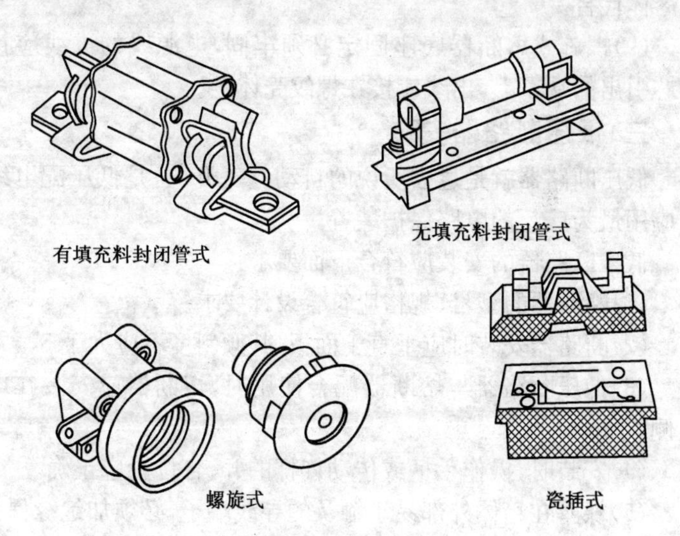

图 6-1　常用熔断器

低压熔断器的安装应按如下要求：

(1)所安装的熔断器型号、规格应符合设计的要求，各级熔体应与保护特性相配合。

(2)低压熔断器应垂直于安装板面,安装的位置及相互间距离应方便更换熔体。

(3)安装有指示器的熔断器,其指示器应朝向方便观察的一侧。

(4)低压熔断器与断路器配合使用时,熔断器应安装在电源一侧。

(5)如果瓷插式熔断器安装在金属板上时,其底座应设置软绝缘衬垫。

(6)安装带有接线标志的熔断器时,电源配线应按标志进行。

(7)在同一配电板上安装有不同规格的熔断器时,应在底座旁标清熔断器的规格。

(8)瓷插式熔断器应垂直于面板安装,熔体不允许用多根较小熔体代替。

(9)螺旋式熔断器底座固定必须牢固,电源线的进线应接在熔芯引出的端子上,出线应接在螺纹壳体上。

三、低压断路器安装

低压断路器就是过去所说的自动空气开关,是低压配电线路中应用最为广泛的电路保护装置。

低压断路器的安装应符合下面要求:

(1)断路器的型号、规格应符合设计要求。

(2)断路器安装时应垂直于面板,其倾斜度不应大于5°。

(3)低压断路器与熔断器配合使用时,熔断器应安装在电源一侧。

(4)安装时,操作手柄或传动杠杆的开、合位置应正确。

(5)裸露在箱体外部易于触及的导线端子,必须加绝缘保护。

(6)有半导体脱扣装置的低压断路器的接线,应符合相序要求。

四、各类开关的安装

1. 刀开关的安装

刀开关应垂直安装在面板上,确保静触头在上方,电源线应接在静触头上。刀开关在合闸时，应保证刀片与夹座接触严密。

2. 负荷开关安装

负荷开关应垂直安装于面板之上，手柄只能由下向上合闸，不得倒装或平装。

接线时须将电源线接在开关上方的进线接线座上，负载接线接在下方的出线座上。

开关上的刀片和夹座接触紧密，夹座应有足够的夹紧力。熔丝的型号、规格应符合要求。

3. 铁壳开关安装

铁壳开关应安装垂直，安装高度离地面 1300～1500mm 左右，以方便操作和安全为准。金属部分必须接地或接零，电阻值应符合要求，开关上的出线孔应有保护线圈。

接线时，将电源线与开关的静触头相接，负载接开关熔丝下的下柱端头上。也可以将电源线接在熔丝下柱端头上，负载接在静触头上。两种接线在开关的闸刀发生故障时熔丝均可熔断而切断电源。

4. 隔离开关安装

开关应垂直安装在开关板上，使夹座位于上方。在不切断电流、有灭弧装置或用于小电流等情况下，可水平安装。水平安装时，其灭弧装置应固定可靠，分闸后可动触头不得自行脱落。

开关的动触头与两侧压板间距离应调整均匀，合闸后接触面应压紧。

安装杠杆操作机构时，应调节好杠杆长度，开关辅助接点指示应正确。

双投刀开关在分闸位置时刀片应可靠固定，不得自行合闸。

五、漏电保护器安装

1. 漏电保护器的选用

用在分支回路保护或小规模住宅回路的全面保护时，可选用额定漏电动作电流在 30mA 以下、漏电动作时间小于 0.1s 的高灵敏度高速型漏电保护器。家用线路保护时，则用额定电压为 220V 的高灵敏度高速型漏电保护器。

2. 漏电保护器的安装

(1)所选用的漏电保护器必须是带有合格证的合格产品。

(2)集中安装生活中的漏电保护器，应在其明显部位设警告标志。安装完毕后，应进行通电调整和试运行，合格后进行封锁处理。

(3)漏电保护器前端 N 线上不应设置熔断器，以防止 N 线保护熔断后相线漏电，导致漏电保护器不动作。

(4)按漏电保护器产品标志进行电源侧和负荷侧接线。

(5)带有短路保护功能的漏电保护器安装时，应确保其有足够的灭弧距离。

(6)如在特殊环境中安装漏电保护器时，必须采取防腐、防潮、防热和防尘等技术措施。

(7)电流式漏电保护器安装后，应通过按钮试验，检查其动作性能是否符合要求。

六、起动器安装

(1)起动器安装应垂直于面板，工作活动部件应动作灵活，工作可靠，无卡阻现象。

(2)起动器衔铁吸合后应无异常响声，触头接触紧密，断电后能迅速脱开。

(3)接线应正确牢固，裸露线芯应做绝缘处理。

(4)可逆电磁起动器，防止同时吸合的连锁装置动作正确、可靠。

(5)安装自耦式起动器时，油浸式起动器的油面高度必须符合标定的油面高度。

(6)手动操作的Y-△起动器，应在电动机转速接近运行转速时正确进行切换。

七、接触器安装

接触器是通过电磁机构自动频繁地接通和断开远距离主电路的装置，它分直流和交流。

接触器安装时，应检查型号、规格是否与设计相符；接触器各部件是否处于正常状态；引线与线圈连接牢固可靠，触头与电路连接正确、牢靠，并做绝缘处理。

安装的接触器应与地面垂直，其倾斜度不得大于5°。

八、继电器安装

继电器主要有时间继电器、速度继电器、热继电器等。安装继电器时，其型号和规格应符合设计要求。继电器可动部分的动作应灵活可靠，无卡阻现象。表面污垢和铁心表面防腐剂应清除干净。

安装时，继电器应与面板垂直，确保接线相位的准确性，固定螺栓加套绝缘管，并应垫有橡胶垫圈和防松动垫圈。

第三节 照明配电箱安装

配电箱是按照供电线路负载的要求将各种低压电气设备组成一个整体，具有一定功能的小型成套电器设备。

安装配电箱的位置应设在进出线最方便的地方，并且尽可能接近负载中心，操作方便，便于检修，采光良好，环境干燥通风。

一、材料要求

配电箱如果是金属箱体的，箱体要有一定的机械强度，并且箱体四周平整无压痕，漆面无脱落，二层底板厚度不小于1.5mm，不准用阻燃型塑料板做二层底板。箱内各种器件应安装牢固，导线排放整齐压接牢靠。

当为阻燃型塑料配电箱时，绝缘层底板厚度不应小于8mm。

绝缘导线的规格、型号必须符合设计规定，并有产品合格证或“CCC”认证标志。

二、配电箱的安装

1. 安装基本要求

(1)根据土建时的预埋件位置,依据箱的外形尺寸进行弹线定位。挂式配电箱应采用膨胀螺栓固定。如为配电盘时,应按配电箱的安装要求进行。

(2)安装配电箱时,箱的底口距地面一般为1.5m。在同一房间内同样箱的高度应一致,允许偏差不得超过10mm。

(3)金属配电箱带有器具的门均应有明显可靠的裸露软铜线接地。

(4)配电箱上的配线应排列整齐,绑扎成束,在活动部位的两端,应有卡具固定。盘面上的引出线、引进线应留有一定的长度,便于检修。

(5)导线剥削时不得损伤芯线,线芯也不能过长,导线压头应牢固可靠。多股导线不得盘圈压接,应用压线端子。用顶丝压接时,多股线头应沾锡后压接。

(6)垂直安装的电器一般均应上端接电源线,下端接负荷线。横装的,面对盘面左边的接电源,右边的接负荷线。

(7)配电箱上的电源指示灯,其电源应接至总开关的外侧,并应单独装熔断器。

(8)磁插式熔断器底座中心明露螺钉孔应用绝缘物填充。磁插式熔断器不能裸露金属螺钉,应填充硅橡胶。

(9)配电箱上应分别设置零线和保护地线汇流排,零线和保护地线经汇流排配出,压接点使用内六角螺栓压紧。

(10)配电箱上的母线应涂有黄A相、绿B相、红C相及淡蓝N零线等颜色,黄绿相间双色线为保护地线。

(11)配电箱上电器、仪表应安装牢固、平正、整洁,并且间距均匀,启闭灵活,零件齐全。

(12)配电箱安装牢固、平正,其垂直度允许偏差为1.5‰。

(13)立式配电箱柜应设在专用的配电房内或外围加栅栏,铁栅栏时应做接地;背面离墙不小于 800mm;如果配电柜安装在基础型钢上的,应将型钢调直后埋设固定,其水平度误差每 1m 不大于 1mm,如图 6-2 所示。

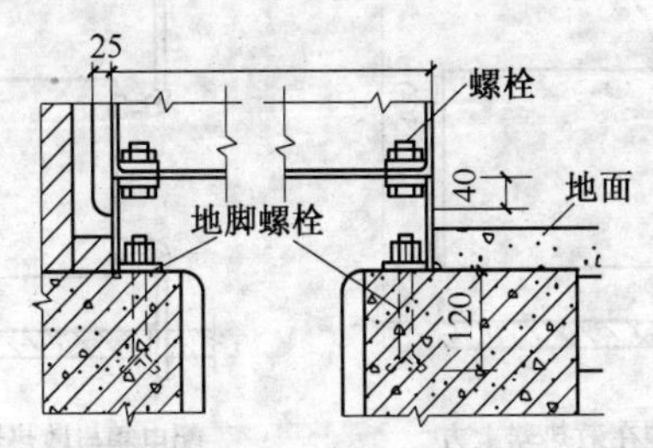

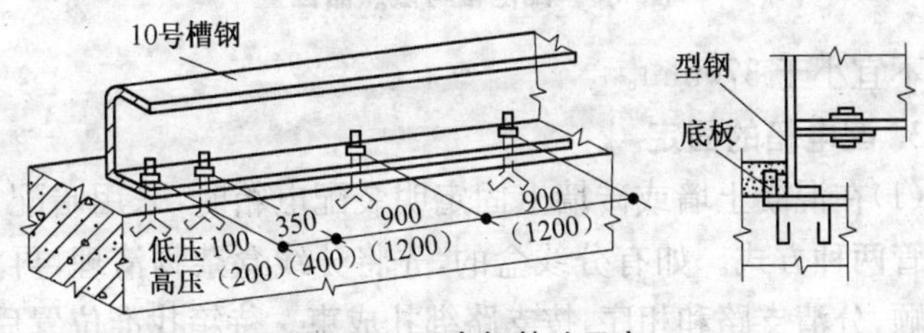

图 6-2 配电柜基础示意

2. 配电箱不宜安装处

(1)配电箱不宜装在散热器上方,如图 6-3 所示;也不应装在水池或水门的上、下侧。如果必须安装在水池、水门的两侧时,其垂直距离应保持在 1m 以上,水平距离不得小于 700mm。

(2)配电箱不宜设在建筑物外墙内侧,防止室内、外温差变化而引起不安全。

(3)配电箱不应设在楼梯踏步的侧墙上,否则既不利于维修,也不安全。

(4)配电箱安装在墙角处时,其位置应能保证箱门向外开启 180°。

(5)在门、窗洞口旁边装配电箱时,箱体边缘距门、窗框或洞

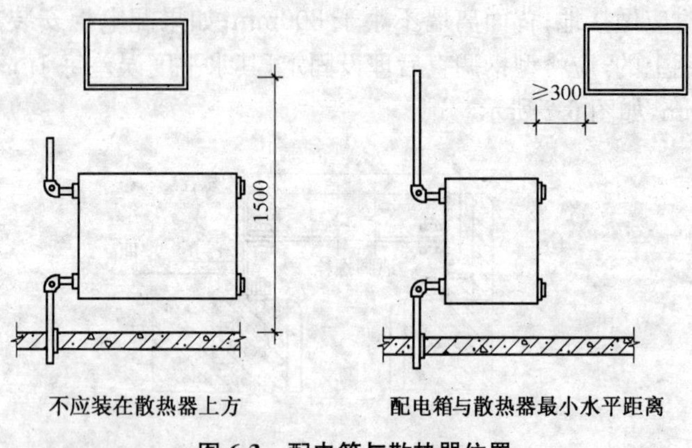

图 6-3　配电箱与散热器位置

口边不宜小于 370mm。

3. 配电箱的固定

(1)在混凝土墙或砖墙上固定明装配电箱时,采用暗配管和明配管两种方式。如有分线盒的,先将分线盒杂物清理,再将导线理顺,分清支路和相序,按支路绑扎成束。待箱找准位置后,将导线端头引至箱内剥线头后再逐个压接在器具上。同时将保护地线和中性线压接在 PE 汇流排和 N 汇流排上,然后将箱固定。

(2)在木结构上进行固定配电箱时,应采用加固。

(3)暗装配电箱时,根据预留孔洞尺寸先将箱体找好标高及水平尺寸,固定好箱体,然后用水泥砂浆填实箱体外的周边并抹平。当箱底与外墙平齐时,应在外墙固定金属网后再做墙面抹灰,不得在箱底板上抹灰。安装的箱面要平整,周边缝隙均匀对称。

4. 绝缘测定

配电箱安装完毕后,用 1kV 兆欧表对线路进行绝缘遥测,遥测项目包括相线与相线之间,相线与零线之间,相线与地线之间,零线与地线之间。各绝缘值均应符合要求。

第四节　线管明敷与暗敷

在农村室内布置线路时，其敷设方式可分为明敷设和暗敷设。明敷就是导线沿着墙壁、梁、柱和顶棚等处敷设。暗敷是在砌墙或浇筑混凝土时先将导线管预先埋在墙体或者混凝土结构中，也有在墙体砌好后重新按导线的走向，在墙体上切开一个埋管沟，将管固定后再将切沟用水泥砂浆抹平。

配线的方式上，一般有夹板配线、塑料护套线配线、槽板配线和线管配线等。

室内的电气安装和配线施工，应做到线路布置合理美观、线路安装牢固。室内线路敷设应根据照明平面图进行，如图 6-4 所示。

一、塑料护套线敷设

塑料护套线是具有塑料保护层的双芯或多芯绝缘导线。这种导线安装方便、防潮性能好、绝缘安全可靠。

1. 划线定位

在安装塑料护套线前，先确定电器的安装位置，以及线路的走向，然后引准线，每隔 150～200mm 画出铝片扎头的位置，距开关、插座、灯具、木台 50mm 处要设置线卡的固定点。

2. 固定铝片扎头

用小钉直接将铝片扎头钉牢在墙体上或其他基体上。但对于抹灰墙体，应每隔 4～5 个线卡位置或转角处、木台前须钻眼安装木楔，将线卡钉在木楔上。

3. 敷设导线

扩套线应敷设得横平竖直，不松弛，不扭曲。将护套线依次夹入扎头中。扎紧铝片扎头时，应按照图 6-5 所示进行。

4. 塑料护套配线敷设注意事项

塑料护套配线不得直接埋入抹灰层内暗敷设。室内使用的

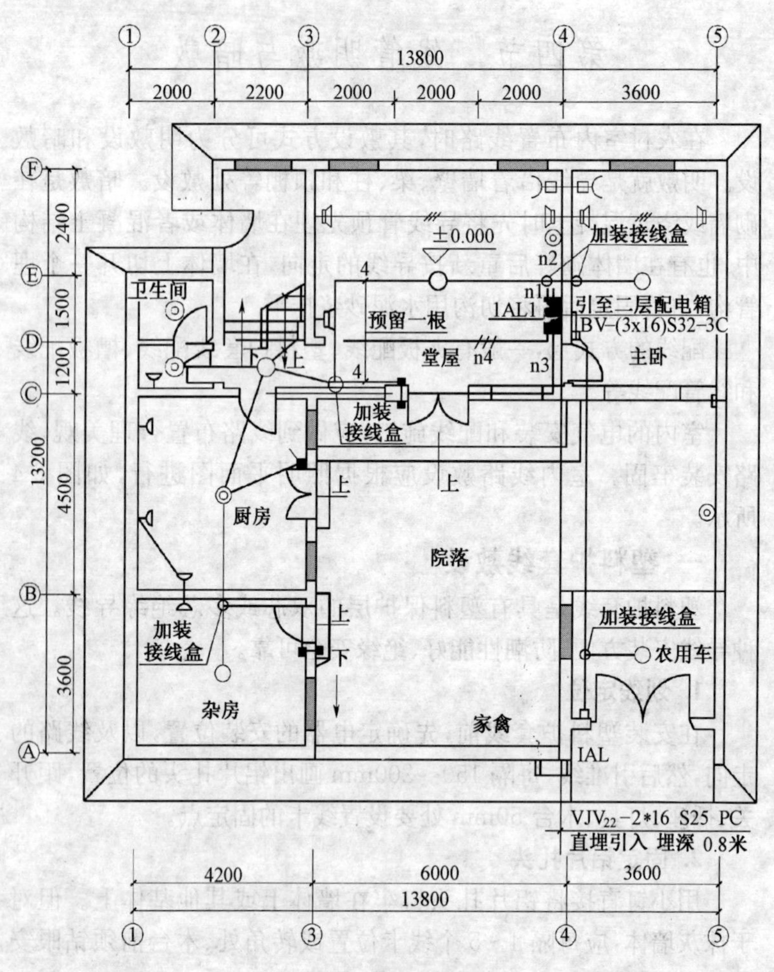

图 6-4　照明平面图

塑料护套配线，规定其铜芯截面不得小于 0.5mm²，铝芯不得小于 1.5mm²。塑料护套线不得在线路上直接剖开连接，而要通过接线盒或瓷接头，或借用插座、开关的接线头来连接线头。

护套线转弯时，转弯前后应各用 1 个铝片扎头夹住，转弯角度要大。护套线要尽量避免交叉，当两根护套线必须相互交叉

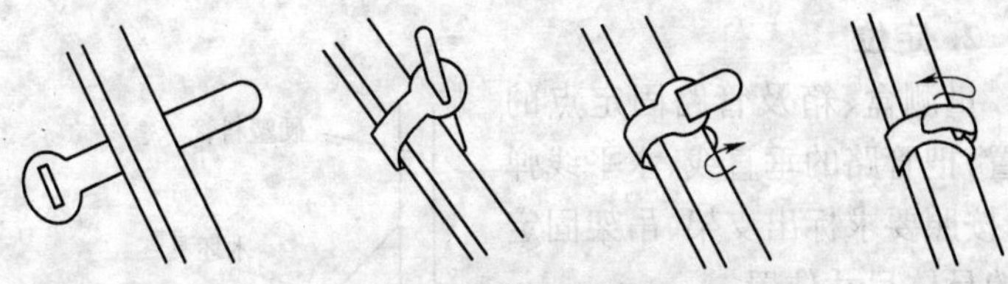

图 6-5　铝片扎头的扎法

时，交叉处要用 4 个铝片扎头卡住。护套线穿越墙体或楼板及离地面距离小于 150mm 的一般护套线应加管子保护。铝片扎头的安装如图 6-6 所示。

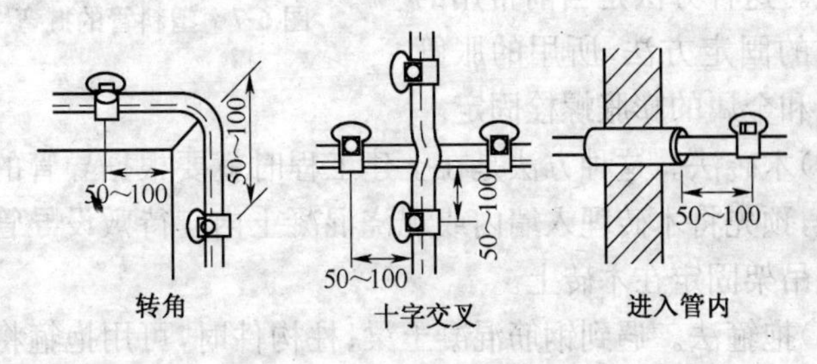

图 6-6　铝片扎头的安装

二、导管敷设

（一）绝缘导管明敷施工

在使用绝缘导管时，所用的材料应为硬质阻燃型，并且所用的绝缘导管附件，如开关盒、插座盒、灯头盒等应与明配导管的材料相同。

1. 揻管

按照设计加工好支架、吊架、管弯及各种附件盒。弯管时可采用冷揻法和热揻法。冷揻时，将弯管簧插入管内需要揻弯处，两手抓好弯管簧的两端，膝盖顶在被弯处，用力逐渐揻出所需弯度，然后取出弯管簧。冷弯的管径一般不得大于 25mm。热弯时有直接加热法和填砂法。直接加热法是将导管在电炉或电加热器加热均匀后，立即将管放在平木板上揻弯，也可采用模型揻弯，如图 6-7 所示。

2. 定位

量测盒、箱及管路固定点的位置，把管路的垂直线、水平线弹出，按照要求标出支架、吊架固定点的具体尺寸位置。

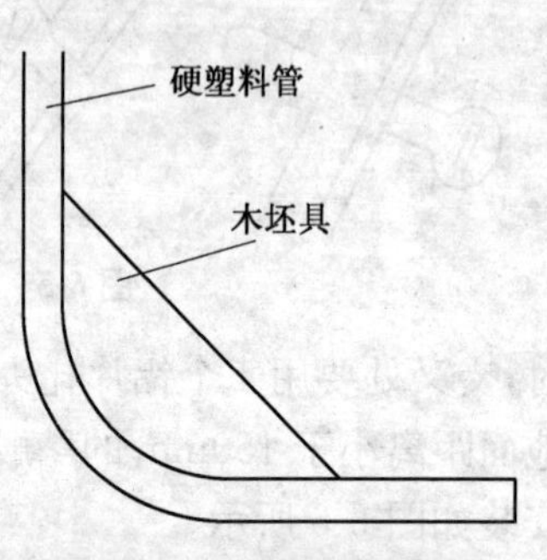

图 6-7　塑料管的摵弯

3. 固定法

(1)胀管法。先在墙上打孔，将胀管插入孔内，再用螺母将管卡固定。这种方法是当前常用的较可靠的固定方法，所用的胀管用尼龙和金属的膨胀螺栓固定。

(2)木砖法。这种方法是在土建工程时就要根据导管的走向和位置，预先将木砖埋入墙内或现浇混凝土内。待敷设导管时将支架或吊架固定在木砖上。

(3)抱箍法。遇到钢筋混凝土梁、柱构件时，可用抱箍将支架或吊架固定的方法。

4. 管路敷设

(1)结合用电设施的位置计划好线路的走向，尽量少走弯路。管子必须转弯时，管子的弯曲角度不应小于 90°，要有明显的圆弧，明配管弯曲半径不小于管外径的 6 倍，如图 6-8 所示。

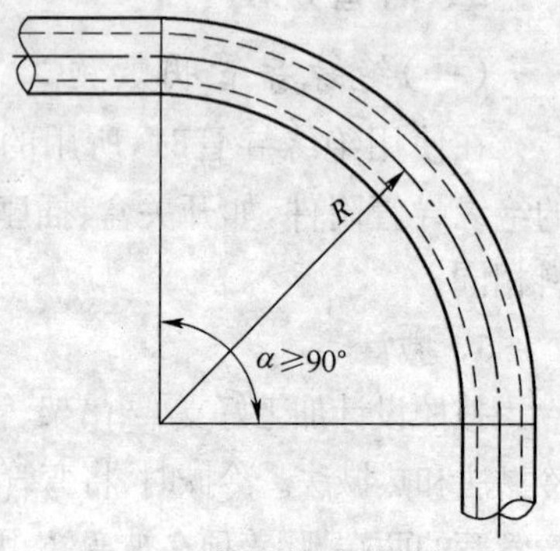

图 6-8　管子的弯曲半径

(2)铺管时，先将管卡的一端螺栓拧紧一半，将管放于管卡内后再逐个拧紧。

(3)支架、吊架位置应正确，间距均匀，管卡应平整牢固；埋入支架应有燕尾状，深度不得小于 120mm。

(4)管路水平铺设时高度应不低于 2m，垂直时不低于 1.5m，1.5m 以下的应加金属保护套。

(5)当管路长度超过下列规定时，应加接线盒：

①无弯时，30m；

②一个弯时，20m；

③二个弯时，15m；

④三个弯时，8m。

(6)支架、吊架及敷设在墙上的管卡固定点与接线盒、箱边缘的距离为 150～500mm，中间直线段两卡间的最大间距如表 6-3 的规定。

表 6-3　直线段管卡最大间距　(mm)

管径	10～20	25～32	40～50	65～100
距离	150	250	300	500

(7)直管每隔 30m 应加补偿装置，补偿装置接头的大头与直管套入并连接，另一端与直管之间可自由活动，如图 6-9 所示。

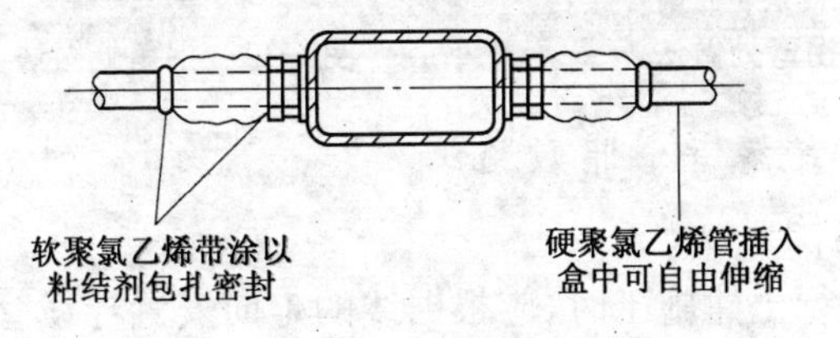

图 6-9　补偿装置

(8)地面或楼板易受机械损伤的一段，应采取保护措施。

(9)管路入箱、盒应用专用端接头连接，要求平整、牢固，向上立管采用端帽护口，如图 6-10 所示。

(10)变形缝处穿墙过管时，保护管应能承受外力冲击，口径应大于导管外径的 2 个级别。

(11)线管沿墙拐弯时，应弯曲，如图 6-11 所示；在拐角处应用拐角盒，做法如图 6-12 所示。

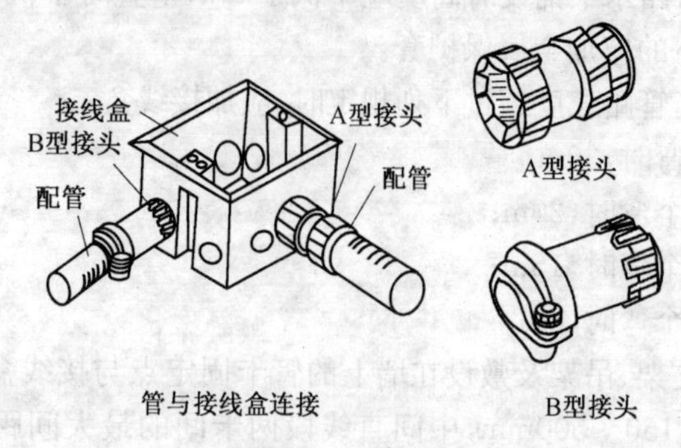

图 6-10 管端连接

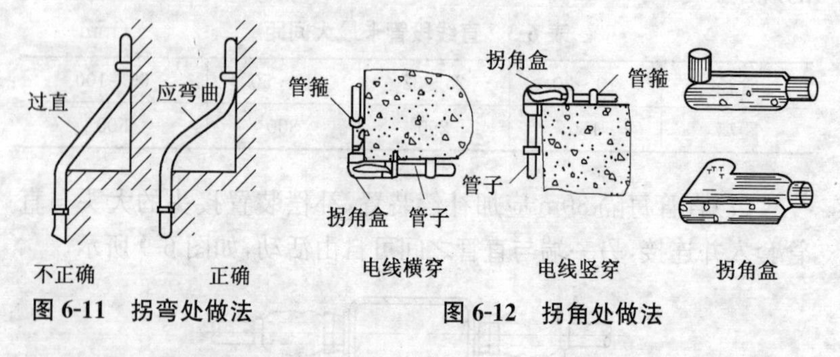

图 6-11 拐弯处做法

图 6-12 拐角处做法

(二)绝缘导管暗敷施工

1. 定位

在进行土建施工时,应根据线的走向安置导线管,并根据墙上的接线盒、箱的位置进行预留。

2. 盒、箱的固定

盒、箱的固定可按先装法和后装法进行。先装法就是在砌墙或现浇混凝土时将盒、箱按设计的位置固定在模板的相应位置。若是砖墙,应在砌到相应位置时留出孔洞。后装法则是等墙体完成后,在布线时按线路和盒、箱的设计位置剔出盒、箱洞孔,固定后再填注砂浆。

盒、箱固定应平正、牢固,纵横坐标准确。在砖墙上固定时,应根据设计平面图量测好盒、箱的位置和距离，在距盒、箱的位置300mm处预留出进入盒、箱的长度，将导管甩在预留孔外，管口封好，待稳住盒、箱时，再一管一孔地穿入盒、箱内。

现浇混凝土时，可在模板上用模块或直接将盒、箱用螺栓或支撑件固定在模板之上或钢筋架上，但盒、箱的口边应与模板紧贴，如图6-13所示。浇筑混凝土拆除模板后，将模块取下。

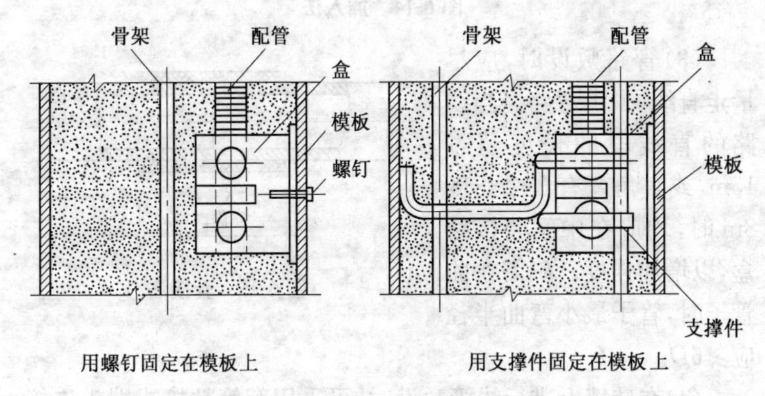

图6-13　预固法

剔洞稳注法，就是后装法。按弹出的水平线，定出盒、箱的准确位置，然后剔洞，洞应比盒、箱稍大些。将盒、箱装入稳注后，再将线管穿入盒、箱内。

3. 线管敷设

(1)线管敷设应结合设计平面图。

(2)塑料线管在暗敷时，如果管长不够时，可以接长。接长时可以采用插入法、套接法和专用端头进行连接。采用插入法时，先将两管的管头进行倒角，再将插接段在火源上加热，涂胶后迅速插入，如图6-14所示。采用套接法时，套管的长度不应小于管外径的3倍，管子的接口应位于套管的中心，接口处应用粘结胶粘结牢固，如图6-15所示。

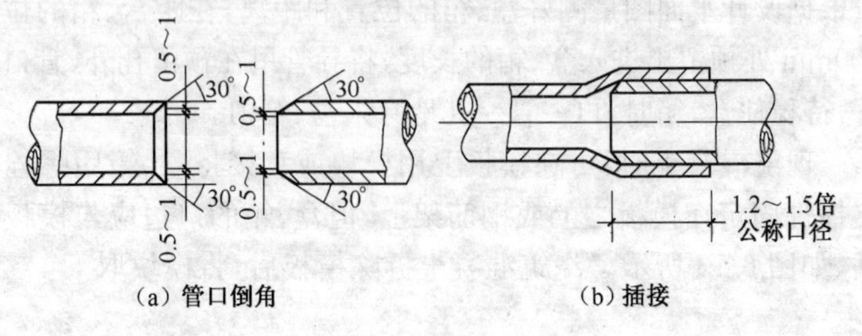

图 6-14　插入法

(3)管路敷设时，应尽量走直线，少走弯路。当线路的直线段的长度超过15m，或直角弯有3个长度8m时，均应在中间装接线盒，以增加强度。确需弯曲管子时，管子最小弯曲半径应≥$6D$。

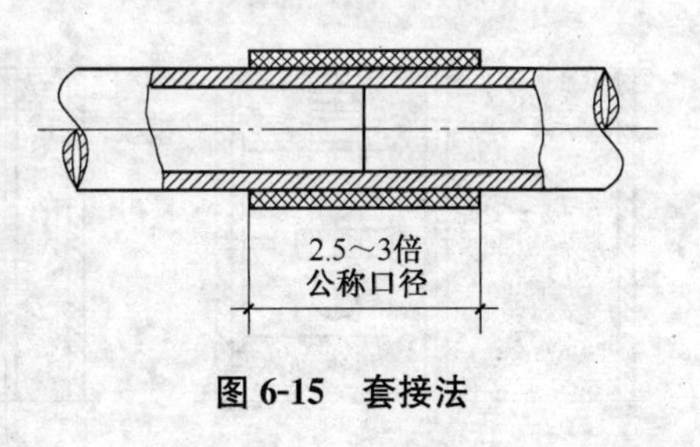

图 6-15　套接法

(4)在砖墙上进行线管敷设时，可采用套管粘接或端头连接，接头处应固定牢固并密封，线管应随着砌砖同步砌到墙内。管进盒、箱里时应与盒、箱里口平齐。

埋入墙或混凝土中的管子，离其表面的净距不应小于15mm；暗设遇两管交叉时，大直径管放在小直径管的下面。成排暗配管间距应大于或等于25mm。

第五节　线管穿导线

线管敷设完成，并且室内墙面的抹灰层也已经完成后，就可以进行穿线。穿线前，应根据要求选择所穿导线。在选线时，应根据用途选择不同颜色的导线。选择黄绿双色的导线做保护地线，淡蓝色为工作零线，红、黄、绿色为相线，开关回火线应使用白色。

一、导线穿入法

1. 带线

导线穿入管内，一般是用带线将导线拉入管内。带线采用直径 1.2mm 的细钢丝做引线，钢丝一端弯成小圆圈状，送入线管的一端，由线管的另一端穿出。

2. 放线及断线

放线时容易将线放乱，并且导线还会产生扭曲。所以，在放线时，一个人把整盘线套在手臂上，另一人拿着导线头向前拉。如果导线不直，应先调直导线。

调直时可用三种方法：一种是把导线平放于地上，一人踩住导线一端，另一人拿着导线另一端向前拉紧，用力将导线在地上甩直；第二种是将导线两端拉紧，用木柄沿导线来回赶直；还可将导线两端拉紧，用破布包住导线，用手带着破布沿导线全长捋直。

导线调直后，就要根据所需长度截取导线。截取导线应考虑下面的因素：接线盒、开关盒、插销盒和灯头盒内导线的预留长度应为 150mm；出户导线的预留长度应为 1.5m；配电箱内导线的预留长度应为配电箱周长的 1/2；共用导线在分支处，可不剪断导线而直接穿过。

3. 管内穿线

管内穿线前，应将购买的导线放入水池中浸泡 24h，导线两端不能与水接触。取出后，应用兆欧表测量其绝缘电阻值，其阻值应符合要求，如图 6-16 所示。

在穿线时，应由两人配合进行，一人前拉，一人向前送，避免导线在管内卡住。穿线应注意如下事项：

(1)同一交流回路的导线必须穿于同一导管内。

(2)穿管导线的绝缘强度应不低于 500V，导线最小截面规定：铜芯线 $1mm^2$，铝芯线 $2.5\ mm^2$。

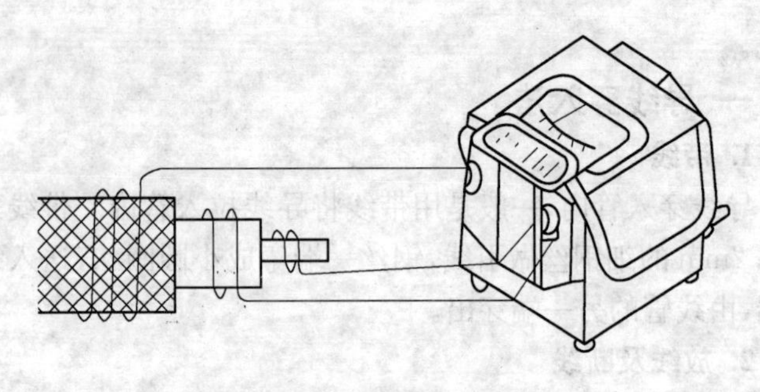

图 6-16 绝缘电阻测量

(3)线管内的导线不准有接线头,也不准穿入绝缘层破损后经过包扎的导线。

(4)除直流回路导线和接地线外,不得在管子内穿单根导线。

(5)同一管内穿入导线的数量不得超过 8 根。不同电压或不同电能表的导线不得穿在同一根线管内。

(6)敷设于垂直管路中的导线,当超过下列长度时,应在管口处和接线盒中加以固定:

①截面积为 $50mm^2$ 及其以下的导线为 30m。

②截面积在 $70\sim95mm^2$ 之间的导线为 20m。

二、导线连接

1. 导线连接的基本要求

(1)导线接头不能增加电阻值。

(2)受力导线不能降低导线的机械强度。

(3)不能降低原绝缘强度。

2. 剥绝缘层

导线连接时,必须剥去导线上的绝缘层,除去导线体上的氧化膜,施焊、连接、包缠绝缘层。

剥绝缘层时可用电工刀或剥线钳进行。对于 $4mm^2$ 以下的单层导线使用剥线钳。使用电工刀时,不允许用刀在导线周围旋转切割绝缘层,如图 6-17 所示。

多层绝缘层的剥削,先用电工刀剥去外面的编织层,并要留出 12mm 的绝缘台阶,线芯长度随接线方法和要求的机械强度而定,如图 6-18 所示。

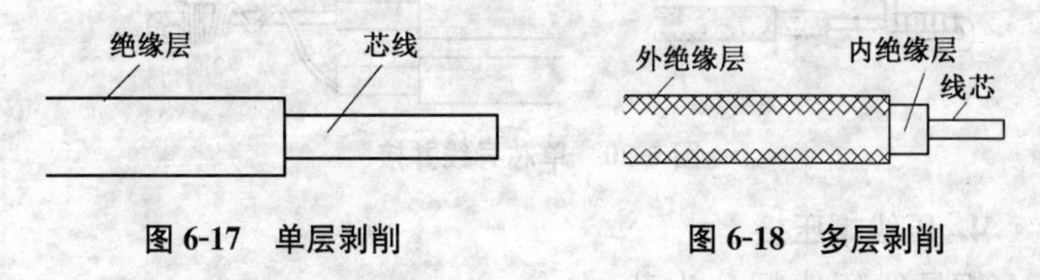

图 6-17 单层剥削　　图 6-18 多层剥削

剥削时可用斜削法,就是用电工刀以 45°角斜向切去绝缘层,当切近线芯时停止用力,接着改刀面的倾斜度为 15°左右,沿着线芯表面向前端推去,再把残存的绝缘层剥离线芯,用刀口插入背部以 45°角削断,如图 6-19 所示。

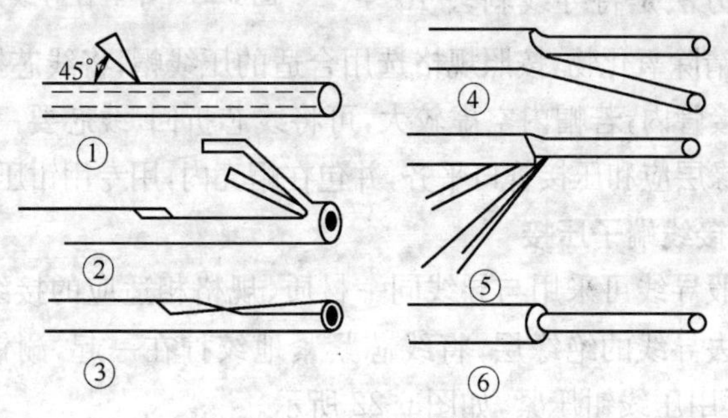

图 6-19 斜削法

3. 铜芯单股导线连接

敷设铜芯单股导线在接线盒中连接,距离绝缘台 12～15mm 处用一根线芯在其连接端缠绕 5～7 圈后剪断,把余头并齐折回压在缠绕线上进行涮锡处理,如图 6-20 所示。

如果是单根铜芯线或多芯软铜线,则应先进行涮锡处理,再将细线在粗线上距离绝缘层 15mm 处交叉,并将线端部向单根线端缠绕 5～7 圈,将粗导线端折回在细线上,最后再做涮锡处理,如图 6-21 所示。

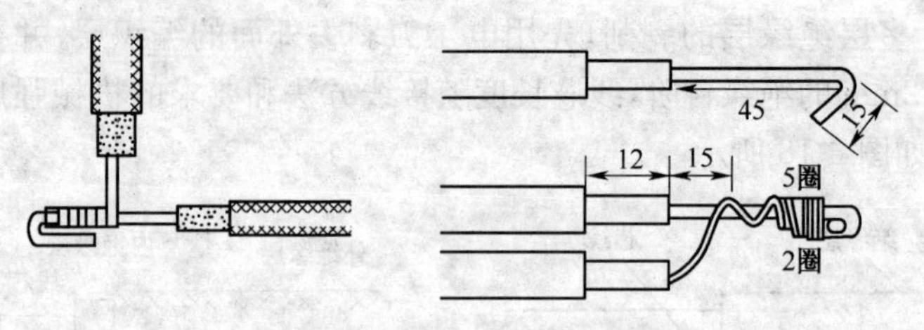

图 6-20　单芯导线并接

4. 压线帽压接

铜导线压线帽分为黄、白、红三种颜色，分别适用于 $1.0mm^2$、$1.5mm^2$、$2.5mm^2$、$4.0mm^2$ 的 2～4 条导线的连接。其连接方法是将导线剥去 10～13mm，清除氧化物，按照规格选用合适的压线帽，将线芯插入压线帽的压接管内，若帽内空虚较大，可将线芯折回，线芯要一插到底，导线绝缘层应和压接管口平齐，并包在帽壳内，用专用钳压实即可。

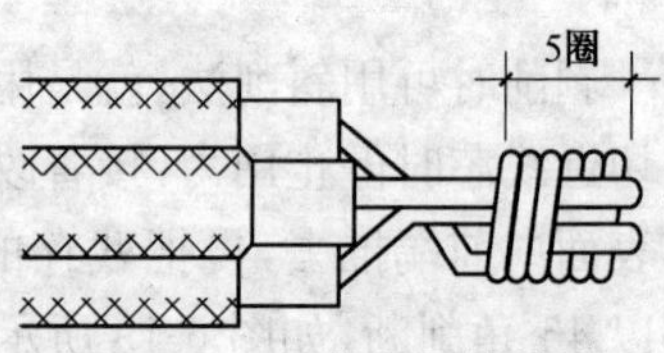

图 6-21　不等径导线并接

5. 接线端子压接

多股导线可采用与导线同一材质、规格相适应的接线端子连接。削去导线的绝缘层，将线芯紧紧地绞拧在一起，涮锡后将线插入，再用压线钳压紧，如图 6-22 所示。

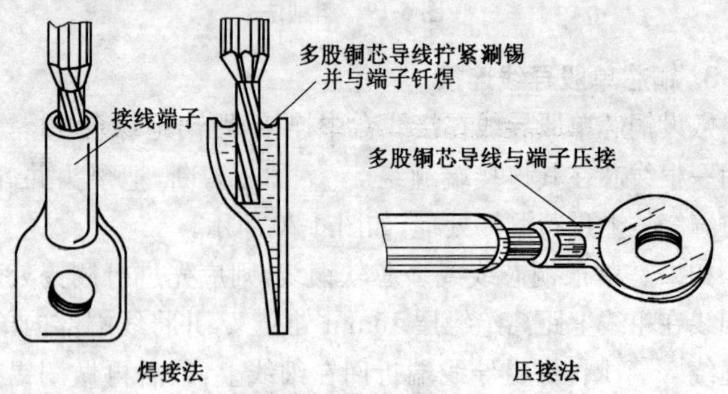

图 6-22　接线端子

6. 导线与接线柱连接

多股铜芯软线用螺栓压接时，先将软线芯做成一圆圈状，圆圈应比压接螺栓直径大些，涮锡后将其压平再用螺栓加垫圈拧牢固。

小于2.5mm² 的单芯导线，将固定螺栓取下，将线直接绕到螺栓上形成一圈，圈口应顺着螺栓旋紧的方向，然后对着栓孔将螺栓拧紧。

7. 线路绝缘电阻遥测

线路敷设完成后，应用兆欧表遥测线路的绝缘电阻值和对地电阻值，并应符合要求。

第六节 塑料线槽配线

农村的室内照明线路中，还有用线槽配线的方法。这种配线方法安装直观，线路简洁，易于维护。

一、线槽选用

塑料线槽，由槽底和槽盖及其他附件组成，用阻燃型硬质聚氯乙烯工程塑料挤压成型。

选用塑料线槽时，应根据设计或施工图上的要求选择相应的型号、规格。其敷设的环境温度不得低于－15℃，所以寒冷地区不宜选择这种配线方法。

二、施工方法

1. 弹线定位

为保证线槽配线的平整度及垂直度，按设计确定进户线、盒、箱等电气器具固定点的位置，从始端至终端找好水平或垂直线，用粉线在线路中心弹线。

2. 线槽固定

(1)线槽一般固定于墙面阴角的地方，固定点间距应符合以下规定：当线槽宽度为20～40mm时，单列线槽的固定点之间的距离不能超过800mm；60mm宽的双列线槽，固定点之间的距离不能超过1000mm；100mm宽的双列线槽，固定点之间的距离不得超过 800mm。

在固定线槽底板时一般是先固定两端，再固定中间。一定要保证横平竖直，底板应与墙面平，不宜产生缝隙。

(2)木砖固定。木砖固定法，有预埋木砖法和后栽木砖法。预埋木砖法，是在土建工程施工时将木砖埋到墙中。但这种固定方法误差较大，不好控制位置。所以农村一般采取后栽木砖的方法。这种方法是按照线槽的走向先拉小线，保证横线水平，竖线垂直。用冲击钻在线槽走向的线路上，均匀钻出直径 12～14mm 的木砖孔，然后将制作好的、比钻孔直径稍大的木砖打入孔内，深度不得小于 60mm。木砖打入后，用自攻螺钉将线槽底板固定于木砖上。

(3)遇到混凝土梁、柱或砖墙时，也可用塑料胀管固定。依据胀管直径和长度选取钻头，在标定的固定点位置上钻孔，用木锤把胀管打入孔内，表面与墙面平齐，然后用半圆头螺钉下加垫圈将线槽底板固定于胀管上，如图 6-23 所示。

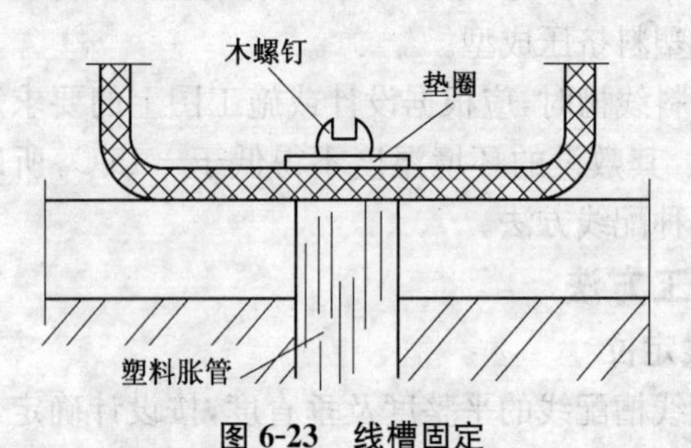

图 6-23 线槽固定

(4)槽底板如需对接时，不得采用直接法，应将对接的槽底板锯成 45°角，如图 6-24 所示。槽底固定点间距应不小于 500mm。底板离终点端 50mm 处必须固定。三线槽的槽底应用双钉固定，槽底对接缝与槽盖接缝应错开，并不小于 100mm。

(5)槽底板拐角时，应把两根槽底板端部各锯成 45°斜角，并把拐角处线槽内侧的线槽做成圆弧状，如图 6-25 所示。

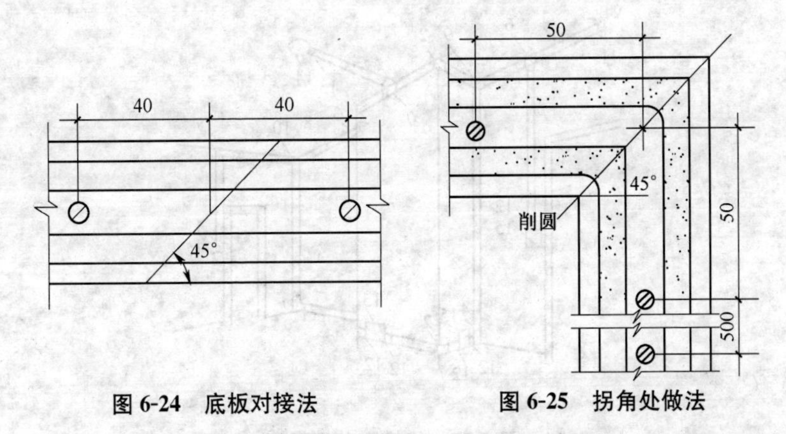

图 6-24 底板对接法　　图 6-25 拐角处做法

(6)槽底板分支的拼接,要在拼接点上把底板上的线槽铲平,在槽底板与分支的中心线上锯出一个 90°的斜缺口,将分支的槽底板一端的中心线上每侧锯去 45°的角,然后将分支槽底板的斜角对着主槽底板的缺口固定。对接处一定要对接密实,平整垂直,如图 6-26 所示。

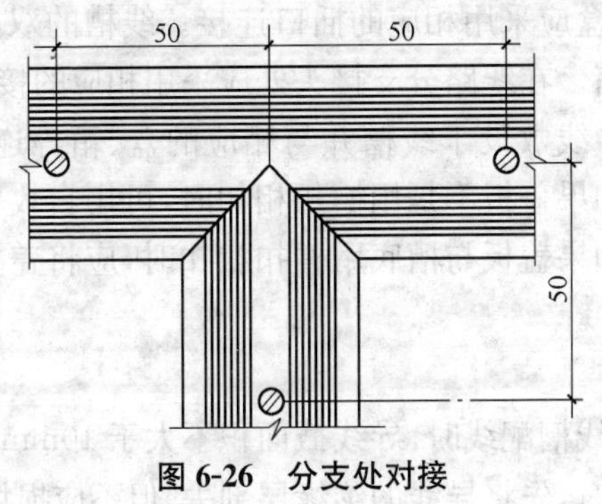

图 6-26 分支处对接

(7)线槽分支接头、三通转角、盒、箱等附件处,应采用相同材质的定型产品。

(8)槽底、槽盖与各种附件相对接时,接缝处均应严实平整,固定牢固,如图 6-27 所示。

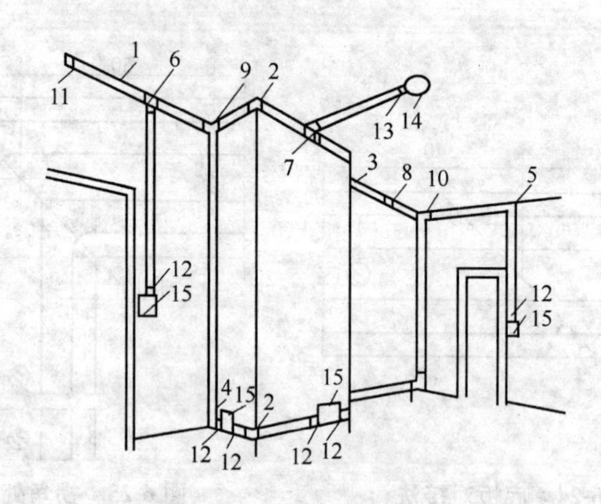

图 6-27　线槽安装示意

1. 线槽　2. 阳角　3. 阴角　4. 直转角　5. 平转角　6. 平三通
7. 顶三通　8. 连接头　9. 右三通　10. 左三通　11. 终端头
12. 插口　13. 灯头盒插口　14. 灯头盒　15. 接线盒

(9)线槽与盒连接时，盒子均应两点固定，不能只固定一点。接线盒、灯头盒应采用相应的插口连接。线槽的双向交流端应采用终端头封堵。在线路分支接头处应采用相应的接线箱。

(10)待导线敷设于线槽并与相应的盒、箱等连接完毕时，将槽盖盖上。如果盖板不是用槽扣相扣时，可用自攻钉将盖固定于槽底板上。如果盖板与槽底用槽扣相扣时，应将盖板全部扣进槽底板的扣槽中。

3. 放线

(1)采用线槽配线时，导线截面积不大于 $10mm^2$。

(2)布线时，先将导线的绝缘层剖去，但不应损坏线芯。

(3)导线在槽内不得受到挤压，槽内敷设的导线不许有中间接头。当有接头时，接头可设在槽外面或接线盒内，如图 6-28 所示。

(4)线槽配线不要直接与各种用电器相连接，而要通过台座

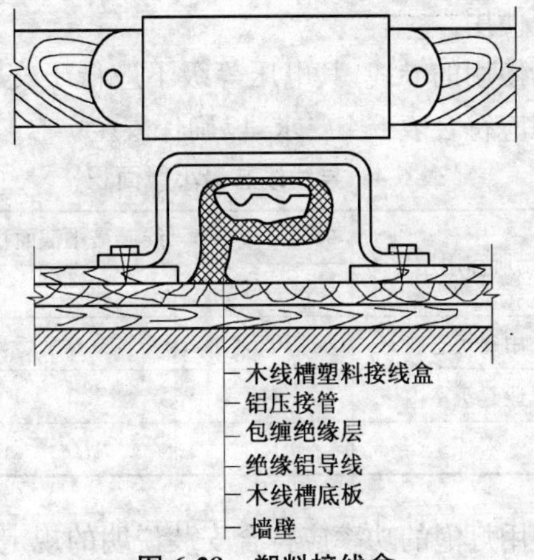

图 6-28　塑料接线盒

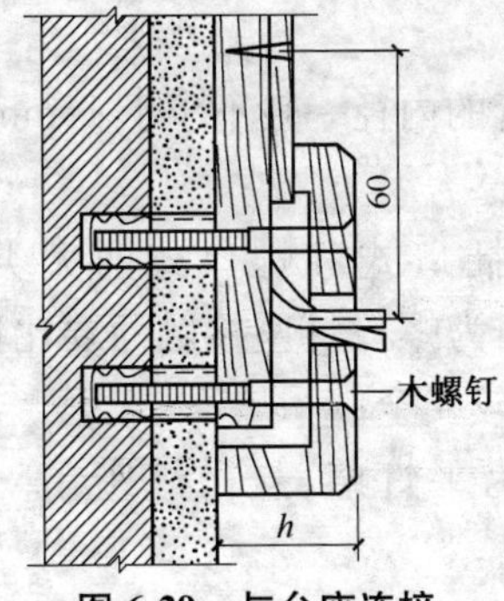

图 6-29　与台座连接

再与电器连接。台座应压住槽底板端部，做法如图 6-29 所示。

(5)铜芯导线中间和分支线相连接时，应搪锡头或用压夹接线端子连接。铝芯导线中间和分支线连接时，应采用熔接和压接法连接；铜芯线和铝芯线连接时，铜芯线先搪锡头，再与铝芯线相接。

(6)同一条槽内不准嵌入不同回路的导线。

第七节　白炽灯具安装

一、灯具安装技术要求

(一)灯具及材料基本要求

1. 材料要求

所选用的灯具应有产品合格证，普通灯具有安全认证标志，无标志者严禁使用。

照明灯具使用的导线，其电压等级不应低于交流 500V，其最小线芯截面积应符合表 6-4 要求，以确保安全。

表 6-4 导线线芯最小截面积 (mm^2)

灯具安装的场所和用途		线芯最小截面积		
		铜芯软线	钢线	铝线
灯头线	民用建筑室内	0.5	0.5	2.5
	工业建筑室内	0.5	1.0	2.5
	室外	1.0	1.0	2.5

灯具所使用灯泡的功率应符合安装说明的规定。

花灯吊钩的直径不小于吊挂销钉的直径，且不得小于 6mm，并且应为镀锌件。

采用钢管作为灯具的吊管时，钢管的内径一般不小于 10mm。

2. 照明灯具及其附件

(1)灯座。在常用的灯座中有插口式和螺口式两大类。100W 以上的灯泡多为螺口式灯座，因为螺口灯座接触面要比插口的灯座好，通过电流较大，而且也比较安全。

按灯座的安装方式分，还可分为平灯座、悬吊灯座、管子灯座。

(2)灯罩。灯罩的形式很多，有玻璃灯罩、搪瓷薄片罩、铝罩、织锦罩等。

(3)开关。开关的作用是接通和断开电路。按其安装条件可分为明装式和暗装式。明装式开关有扳把开关、拉线开关、转换开关、声控开关等；暗装开关有扳把开关、声控开关等。如按其构造则分单联开关，双联开关等。开关的规格，均以额定电流和额定电压来表示。

(4)插座。插座的作用是供移动灯具或其他移动式电器接通电源。按其安装方式分为明装式和暗装式。其外形有单相双眼、单相带接地线的三眼插座和多眼排插等。它也是以额定电流和额定电压来表示。

(5)吊盒。吊盒也称吊线盒,用来悬挂吊灯,起到接线盒的作用。

(6)圆木。圆木也称木台,过去多是用木材加工而成,现在用塑料制品代替。它用来固定挂线盒、开关、插座。其形状有圆形和方形。

(二)悬挂高度

室内灯具的悬挂高度应按灯的类型和灯泡的功率来确定。白炽灯的功率小于或等于100W时,悬挂高度为2.0～2.5m;150～200W时,高度为2.5～3.0m。荧光灯小于或等于40W时,安装高度为2.0m。

当相对湿度经常在85%以上、环境温度经常在40℃以上或户外的灯具,其离地距离不得低于2.5m;一般环境下的车间、商店、住房等处所安装使用的电灯,其离地一般不应低于2m;如果因生产和生活的需要必须把灯放低时,最低距离不得低于1m。

(三)照明线路安装

照明线路一般由电源、导线、开关和用电器具所组成。

1. 一只开关控制一盏灯时线路安装

一只单联开关控制一盏灯时,其线路安装如图6-30所示。安装时,开关应串接在相线上,且相线引自熔断器。这样,待开关切断线路后,灯头不会有电,从而保证了使用的安全性。

2. 两只双联开关控制一盏灯时线路安装

两只双联开关控制一盏灯,一般用在楼梯或走廊的照明线路上。在楼上楼下或走廊的两端均可控制线路的接通和断开,如图6-31所示。在楼梯和走廊的地方,还有用两只双联开关和一只三联开关在三个地方控制一盏灯,其线路如图6-32所示。

3. 常用照明灯的控制线路安装

(1)白炽灯的控制线路安装。这种线路结构简单,使用可靠,

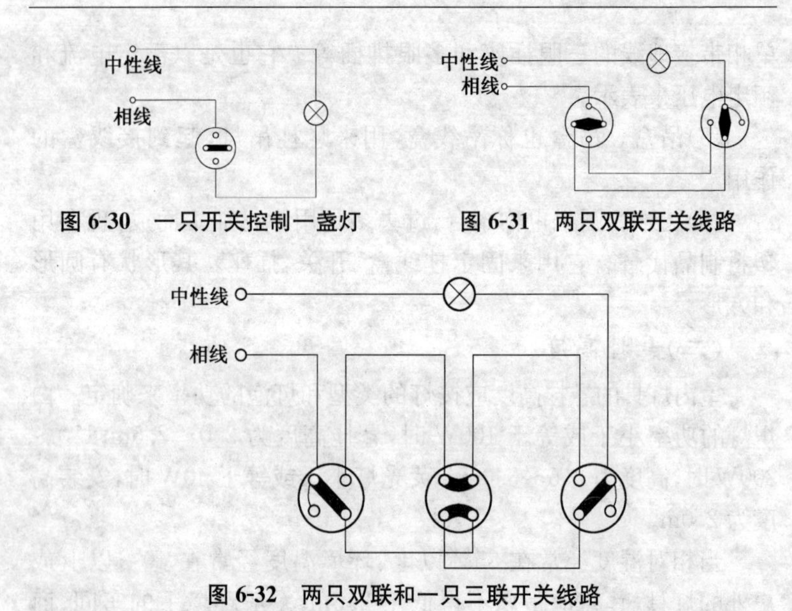

图 6-30　一只开关控制一盏灯

图 6-31　两只双联开关线路

图 6-32　两只双联和一只三联开关线路

价格低廉,便于维护和安装,是常用的一种控制线路,如图 6-33 所示。

(2)荧光灯的控制线路安装。荧光灯就是平常人们常说的日光灯,是由灯管、灯架、启辉器、镇流器等组成。这种灯使用寿命长,光色较好,其控制线路安装如图 6-34 所示。

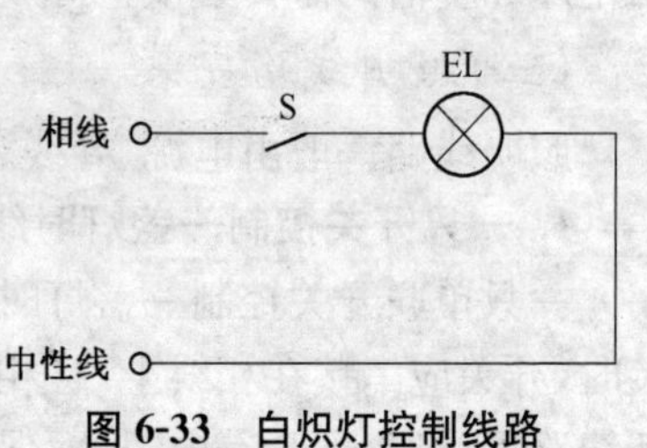

图 6-33　白炽灯控制线路

图 6-34　荧光灯控制线路

二、白炽灯安装

白炽灯安装的形式通常有悬吊式、吸顶式和壁挂式等。悬吊式中有软线悬吊、链条悬吊及管子悬吊。

(一)悬吊式安装

1. 固定木台

安装木台时,应根据吊线盒的法兰盘大小确定木台大小。灯吊在顶棚时,则应把木台安装在顶棚上。如果顶棚是钢筋混凝土预制板或现浇板时,应把木台装在预埋的木砖上。土建工程预埋有木砖的,则应用塑料胀管进行固定。

安装时,先将木台钻出线孔,然后将导线从出线孔穿出,在穿孔处的导线上加套软质塑料管加以保护。

2. 吊线盒安装

安装吊线盒时,把从木台中穿出的导线从吊线盒底座的孔中穿出,用木螺钉把吊线盒固定于木台之上,如图 6-35 所示,然后将导线的两个线头削去 20mm 左右的绝缘层,分别紧固于接线柱上。再按灯的悬挂高度截取一段软双股线作为灯头的连接和吊线,线的一端先穿过吊盒外盖的孔,在离导线端约 50mm 处打一个结,使线结刚好卡在吊线盒盖的线孔中,再将线头接在吊线盒的接线螺钉上,如图 6-36 所示。

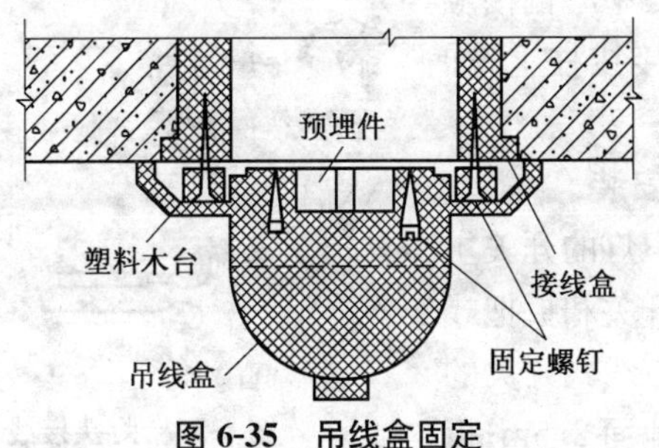

图 6-35　吊线盒固定

3. 灯头安装

安装灯头时,先旋下灯头盖,将从吊盒中垂下的导线穿过灯

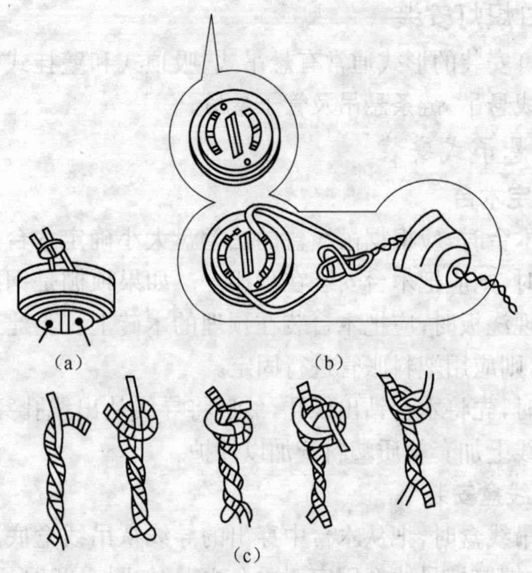

图 6-36　吊线盒安装

头盖孔，在离线 30mm 处按上述打结方法打一线结，再将两导线头分别固定在灯座的接线柱上，然后将灯头盖旋上。

上述是插口灯头的安装，如果是螺口灯头时，其相线应接在与中心铜接触片相连接的接线柱上，如图 6-37 所示。

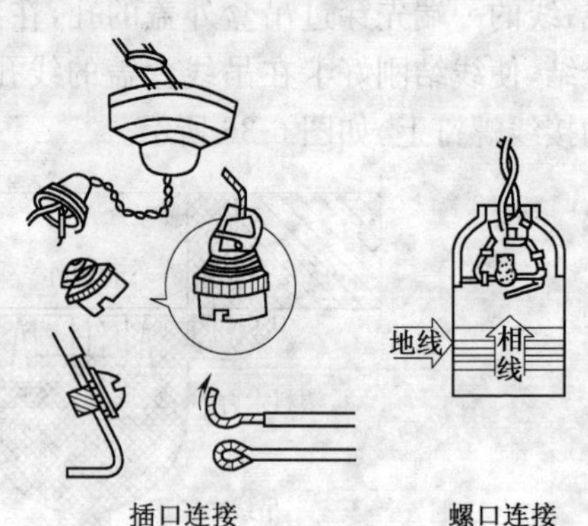

图 6-37　灯头接线示意

4. 开关安装

控制白炽灯的开关主要有拉线式开关和扳把式开关。一般拉线式开关的安装高度距地面 2.5m；扳把式开关距地面高度为 1.4m。安装扳把式开关时，距门口边为 200mm，其盖板应与墙体装饰面齐平。

(二)吸顶灯的安装

吸顶灯就是将灯直接安装到顶棚上。安装时先将木台固定到顶棚上的木砖上,若先前没有预埋木砖,可用胀管固定。

将吸顶灯的各件进行组装,完毕后将灯向上托起到木台处,并在木台与吸顶灯的底盘之间垫一石棉板,然后用螺钉固定于木台之上。装上每个灯的灯罩即可。

如果吸顶灯安装在吊顶的顶棚上时,应在两中龙骨的中间适当位置上增加两个附加龙骨,在灯位上方附加中龙骨之间应有中龙骨横撑。灯的底座在每个中龙骨上用 3 个钉固定,如图 6-38 所示。

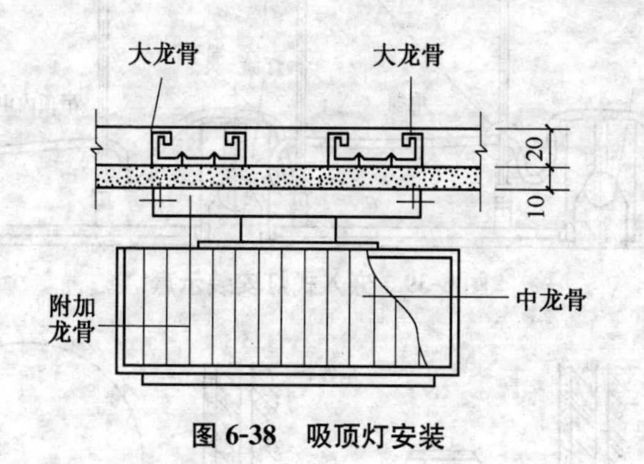

图 6-38　吸顶灯安装

(三)嵌入式灯的安装

为了装修的整齐和美观,照明灯具一般都是安装在装修层的上边,灯泡安装后与装修层平。装修时,先将灯座固定装修层中,最后安上灯泡。嵌入式灯的安装如图 6-39 所示。

(四)壁灯安装

壁灯可以安装到墙面上,也可安装到柱子上。装在砖墙上时,先将木台安装在壁灯的出线盒处,然后将灯上的导线与木台上的出线连接好,再将灯座固定到木台上。安装方法如图 6-40 所示。

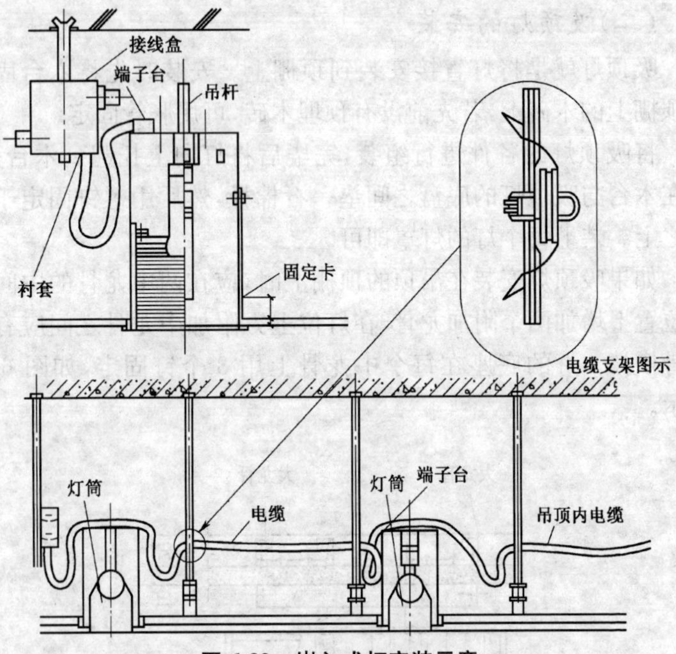

图 6-39　嵌入式灯安装示意

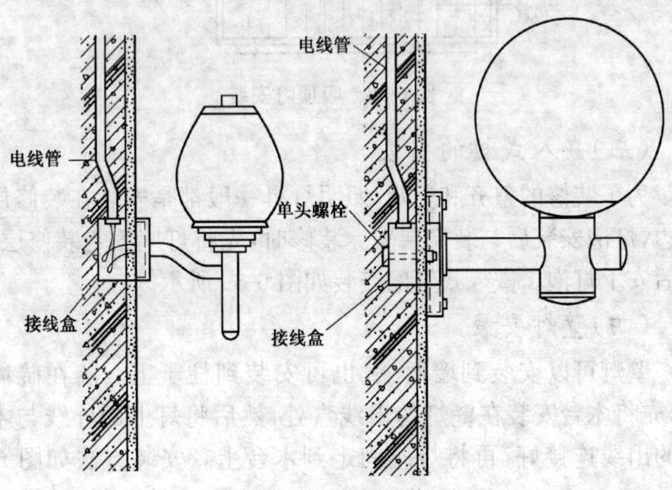

图 6-40　壁灯安装

第八节　荧光灯与应急照明灯安装

农家客厅、农村学校教室、村办企业办公室和卫生所等地方，一般安装荧光灯照明。农村网吧和娱乐服务的场所等人员集中的地方，安装有应急疏散指示标志灯及安全出口标志灯。本节中将介绍这些灯的安装方法。

一、荧光灯的安装

荧光灯的安装也分悬吊式和吸顶式，两者固定灯架的方法有区别，其他安装都一样。

1. 安装镇流器

悬吊式荧光灯安装时，应将镇流器用螺钉固定在灯架的中间位置；吸顶式荧光灯安装时，镇流器装在灯架一端。

2. 安装启辉器底座与灯座

将启辉器底座固定在灯架的一端，两个灯座分别固定在灯架的两端，并应注意灯座上的插孔相一致，使灯管上的灯脚顺利插入灯座的插孔中。

3. 安装启辉器与灯管

安装灯管时，应将灯管中部置于被照面的正上方，并使灯管与被照面平行。一般应安装在房间的中间部位。

启辉器对着底座的插口插入，并向顺时针方向转动，直到卡紧为止。

4. 通电试验

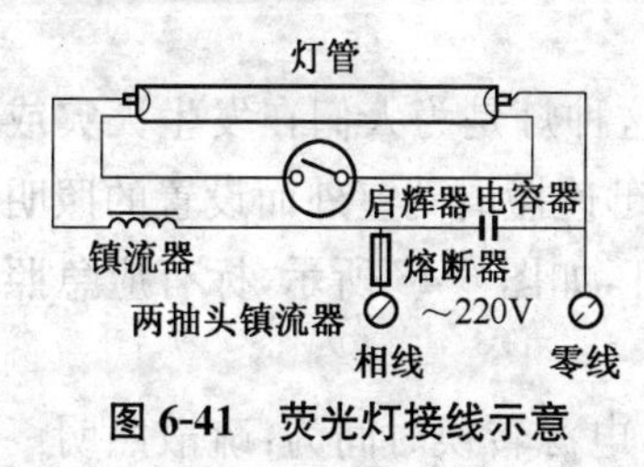

图 6-41　荧光灯接线示意

安装结束后，按照荧光灯的线路图 6-41 所示进行试通电，启辉正常，说明线路合格。

5. 安装灯架

试通电合格后，即可安装灯架。如为悬吊式的，先把吊线盒中的导线引出向下，并将灯架两端的悬吊孔中挂好长度相同的吊链，吊链上端分别挂于顶上的吊钩上，再将引出线和灯的导线连接，并做好绝缘。但灯线应比吊链长些，使之不能受力。

如为吸顶式的，则应用螺钉将灯架固定于胀管上。如为嵌入式安装，则可按图6-42所示的方法进行。

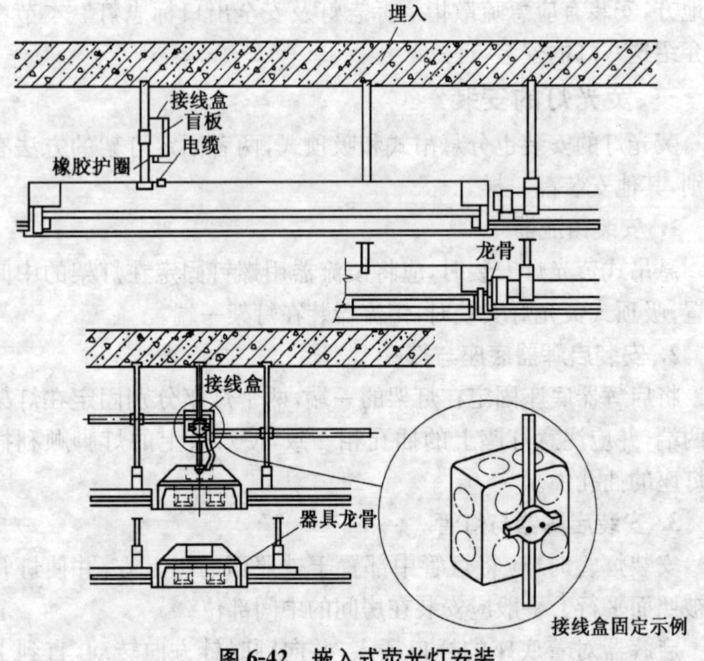

图6-42　嵌入式荧光灯安装

二、应急灯的安装

1. 应急照明灯

应急灯可以说是“生命灯”。这种灯是为人们在发生火灾或地震及其他突发事件时，能从室内迅速撤离到室外而设置的照明装置。在农村一般设的应急照明灯，如图6-43所示，标有应急照明灯或应急疏散指示标志灯字样。

应急照明在正常电源断电后，电源转换时间为：疏散照明≤

15s;备用照明≤15s;安全照明≤0.5s。

应急照明灯具使用中灯具温度大于60℃时,或靠近可燃物时,应采取隔热、散热、防火等措施。当采用白炽灯、卤钨灯等光源时,不直接安装在可燃装修材料或可燃物件上。

2. 安全出口标志灯

安全出口标志灯,其标识是绿底白字,如图6-44所示。

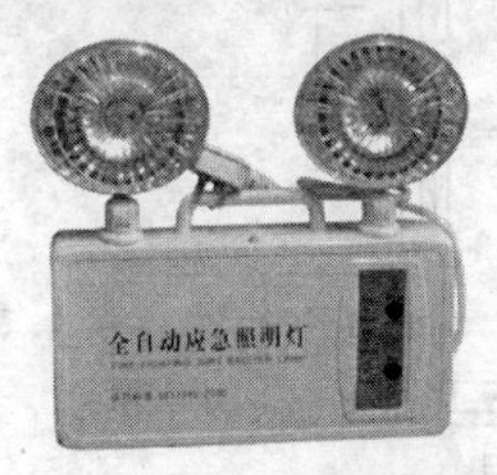

图6-43　应急照明灯

图6-44　安全出口标志灯

安全出口标志灯通常设置在疏散门口的上方。在首层的疏散楼梯应安装于楼梯口的里侧上方,其安装高度不应低于2m。安全出口标志灯的安装如图6-45所示。

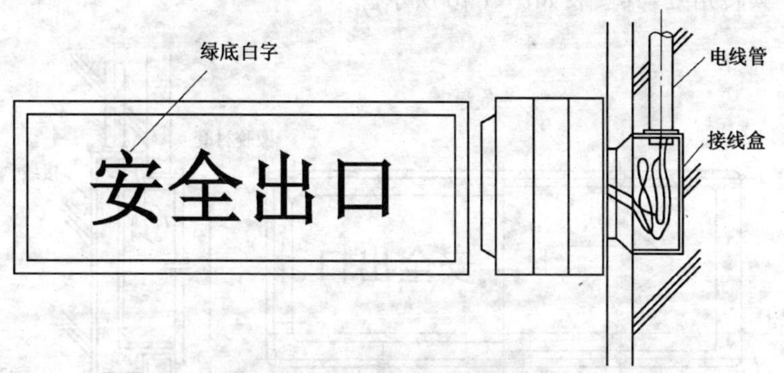

图6-45　安全出口标志灯的安装

图6-46　疏散指示标志灯

3. 走廊疏散指示标志灯

走廊疏散指示标志灯的标识是白底绿字,如图6-46所示。疏散指示标志灯设置原则如图6-47所示。

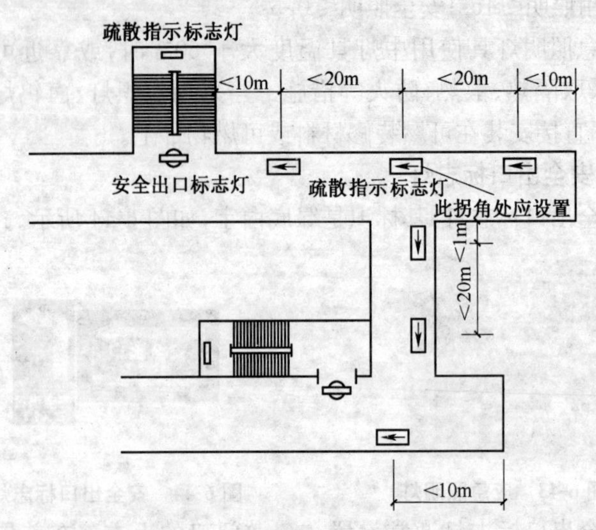

图 6-47　疏散指示标志灯安装设置

走廊疏散指示标志灯一般设在安全出口的顶部，疏散走道及其转角处，其安装如图 6-48 所示。

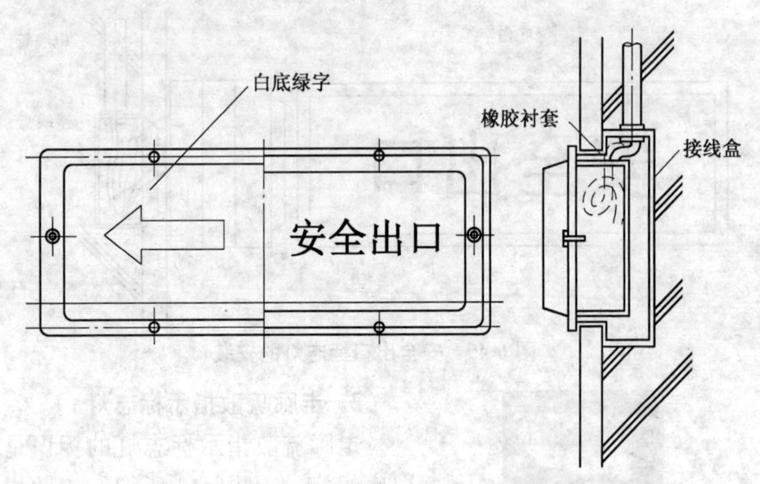

图 6-48　疏散指示标志灯安装

疏散照明线路采用耐火电线，穿管明敷或在非燃烧体内穿刚性导管暗敷，暗敷保护层厚度不小于30mm，电线采用额定电压不低于750V的铜芯绝缘电线。

疏散指示标志灯的设置时，应考虑不影响正常通行，不应在其周围设置容易混同疏散指示标志的其他标志牌等。

第九节　插座及吊扇的安装

一、插座的安装

(一)房间内插座的布置及容量选择

1. 客厅

客厅是用来会朋待亲、看电视的活动中心，主要的家用电器有DVD机、空调(电风扇)、电暖器、电子日历、电话机、有线电视等。为了避免有线电视、电话线等弱电线路对其他电器的干扰，低压电器插座应远离弱电插座，其水平距离应大于0.5m。一般客厅安装低压电器插座不少于6个，才能满足人们的生活需求。

插座安装，一种是低位安装，距地面300mm的位置，并应安装带有防护罩的插座；另一种就是标准位安装，距地面1.4m。但是，由于客厅室内墙面装修墙裙的高度一般是1m，这样墙裙和插座的高度就显得不协调，所以在安装时应根据实际情况进行调整，以达到既美观协调，又方便使用为原则。

在选择客厅内的插座容量时，空调机应选用16A瓷质三孔插座，其余选用10A的插座即可。有小孩的家庭，在安装300mm的低位插座时，为了防止儿童用手指触摸或金属物捅插座孔眼，则要选用带保险挡片的安全插座。

2. 卧室

卧室中的主要家用电器有电话机、电视机、空调器(电风扇)、台灯、床头台灯、电热毯等。当然还会有许多如手机、剃须刀、照相机等移动式的充电器。对卧室内插座的布置，应先确定床的位置。一般双人床都是摆在房间中央，一头靠墙。所以在床头两边应各装一组二、三孔电源插座，以供床头台灯、落地风扇及电热毯之用。并在适当的位置设一个电视机插座，在靠窗前的侧墙上设一个空调器电源插座，在窗户的两侧墙壁上设一个电源插座，作备用。

在卧室中安装空调电源插座时，其底边距地为1.8m，其他的插座底边距地300mm。空调机电源选用16A三孔插座，其余选用10A二、三孔多用插座。

3. 厨房

厨房的家用电器主要有电冰箱、电磁炉、豆浆机、电饭煲等。根据厨房的布置，先确定污水池、炉台及切菜台的位置后再确定插座的安装位置。一般情况下，在房间的一角落安装一个10A三孔插座，距地面高为300mm，用于电冰箱供电；在炉台侧面布置一组多用插座，在切菜台上方及其他位置均匀布置4组三孔插座，容量均为10A，其安装高度应为距地面1.4m。

一般农村厨房兼作餐厅的，可以在厨房布置的基础上，沿墙再均匀布置2组二、三孔插座即可，安装高度底边距地0.3m，容量为10A。并且在选用厨房内的插座时，最好选择插座面板上安装有防溅水盒或塑料挡板的插座。

4. 室外

为了方便在院子中乘凉、农事活动、洗衣等，需要在院子内的主房、厢房和自来水池等地方安装插座，以供移动照明和洗衣机之用。但安装的插座应具有防溅罩盖和洗衣机所用的带有开关的三孔插座。

(二)插座安装

1. 电源供电回路设置

插座安装前，应对电源插座的供电回路进行设计，住宅内空调器电源插座、厨房电源插座、普通电源插座与照明应分开回路设置；电源插座回路应具有过载、短路保护和过电压、欠电压保护或采用带多种功能的低压断路器和漏电综合保护器。宜同时断开相线和中性线,不应采用熔断器保护元件。

2. 辨别接线孔

在安装插座前,应按图 6-49 所示确定各孔的接线,以保证用电时的安全。

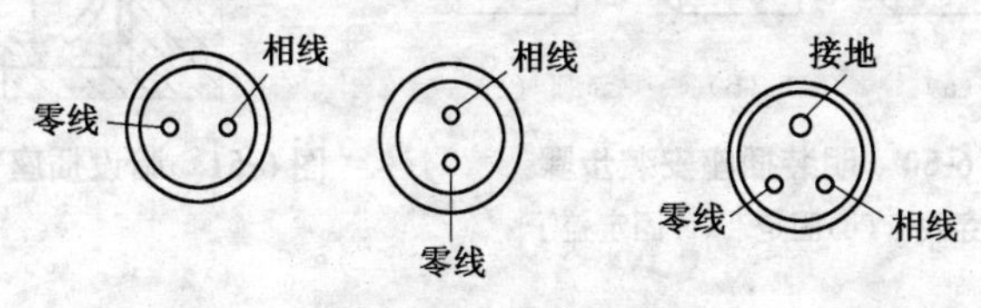

图 6-49　接线示意

(1)单相两孔插座,面对插座的右孔或上孔与相线连接,左孔或下孔与零线连接。

(2)单相三孔插座,面对插座的右孔与相线连接,左孔与零线连接。

(3)单相三孔、三相四孔及三相五孔插座的接地或接零线接在上孔。

(4)插座的接地端子不与零线端子连接。同一场所的三相插座,接线的相序应一致。接地或接零线在插座间不串联连接。

3. 安装

(1)安装同一室内相同高度的插座时,应以室内的+50 线为标准,向上量出插座底边距地面的安装高度,然后四周拉通线,保证插座安装的高度相一致。

(2)明装插座时,多安装在明敷线路的绝缘木台上。在线路中,应先固定好绝缘木台,然后再固定安装插座,接线完成后再把插座盖固定在插座上,如图 6-50 所示。

(3)暗装的插座应用专用插座盒,如图 6-51 所示,插座盖板应紧贴墙面,插座面板上固定螺钉应一致。

(4)安装插座时,插座与供水排水管之间的距离不应小于

200mm，与热水管道之间的距离不应小于 300mm，如图 6-52 所示。

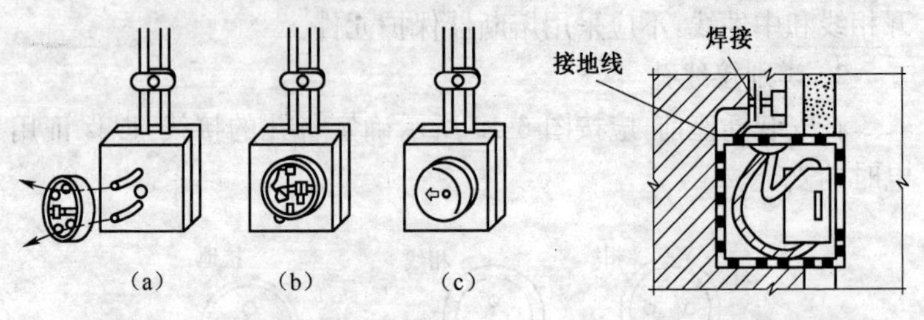

图 6-50　明装插座安装步骤

(a)穿线　(b)固定　(c)固定盖子

图 6-51　暗设插座安装盒

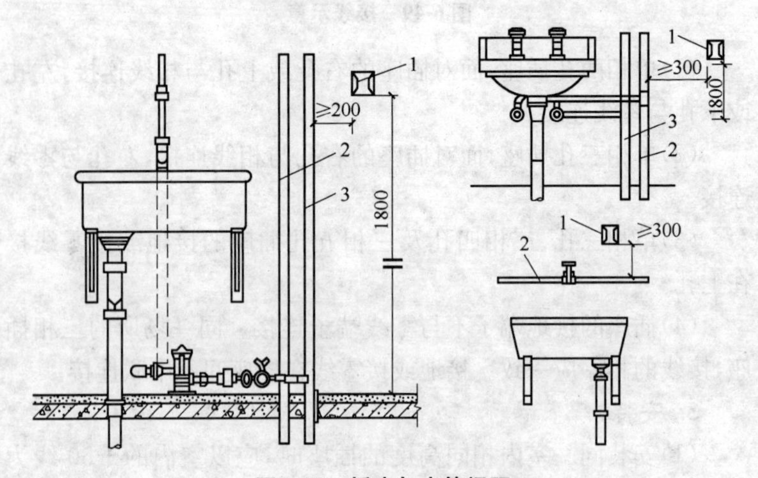

图 6-52　插座与水管间距

1. 插座　2. 热水管　3. 冷水管

(5)同一室内安装插座的高低差不应大于 5mm，成排安装的插座高低差不应大于 2mm。

二、吊扇的安装

1. 吊钩

在土建工程施工时，应在相应的位置预埋吊扇的挂钩，挂钩应与主筋相焊接，当无焊接条件时，可将挂钩弯曲后与主筋绑扎。

如是装修的顶棚时，应将吊钩与装修骨架的大龙骨连接在一起。吊扇的挂钩的直径不应小于悬挂销钉的直径，且不得小于10mm。

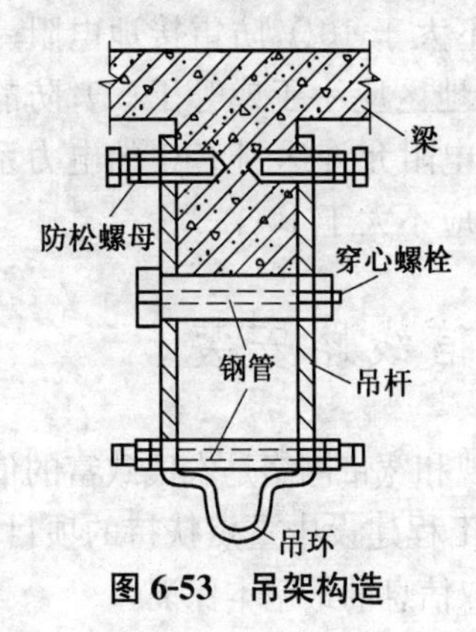

图6-53　吊架构造

在钢筋混凝土梁上安装吊钩时，可采用钢吊架的结构形式。钢吊架用两根扁钢、两根$\phi15$的钢管，一根钢管与梁宽相等，其上焊有吊环装在吊架的下边；另一根钢管比梁宽10mm，装在紧靠梁底的下边，两根钢管均用穿心螺栓固定于吊架上，吊架用两全膨胀螺栓固定在梁的两个侧面，如图6-53所示。

2. 安装

吊扇扇叶距离楼、地面不小于2.5m，固定扇叶的螺母下应有弹簧垫圈或自锁垫圈，吊扇接线处宜用瓷接头连接。

将组装好的吊扇托起挂在安装好的吊环上。用压接帽压接好电源接头后，向上将吊杆上的护碗固定。

将扇叶用配有弹簧垫片及平垫片的螺栓固定，弹簧垫片紧靠螺栓头部，不得放反。

安装壁扇时，壁扇底座采用尼龙塞或膨胀螺栓固定；尼龙塞或膨胀螺栓的数量不少于2个，且直径不小于$\phi8$mm。壁扇下侧边缘距地面高度不小于1.8m。

三、绝缘、接地电阻的测试

当电气安装工程完成后，应用摇表分层段和路段测试相间、相对零、相对地、零对地的绝缘电阻值，以及防雷、保护、重复、静电接地电阻值。低压时可采用ZC-500型摇表测绝缘电阻，380V以上高压可用ZC-1000型摇表测试。

1. 绝缘电阻

用摇表测量配管及配线、瓷器配线、护套线配线、槽板配线等的导线间和导线对地间的绝缘电阻值，该值必须大于0.5MΩ。

2. 接地电阻

保护零线重复接地装置电阻值不大于10Ω；防雷接地电阻一般不大于10Ω；但在高层或雷电强烈地区应小于或等于5Ω；防静电接地电阻为0.5～2Ω；在工作接地电阻允许达到10Ω的电力系统中，所有重复接地的并联等值电阻应不大于10Ω。

第十节 广播电信线路安装

当今社会是信息社会。电话、电视和宽带网络是农民致富的信息源，是党和国家在新农村"村村通"工程建设中重点扶持的项目。所以搞好弱电线路的安装，是农民获取信息的最基本保证。

一、管路敷设

在弱电管路中，通信、信息网络系统均是通过相应的传输线路而工作的。因此，管路敷设质量直接影响着电话、电视和宽带等的传输的质量。

（一）钢管敷设

（1）管路敷设前应检查管道内侧有无毛刺，镀锌层和防锈层是否完整无损，管子是否顺直。

（2）管道在砌筑墙体中暗设时，钢管应置于墙体中心，然后按标高将接线盒装好。在混凝土墙体中暗设时，可将盒、箱焊接在钢筋上，敷设管子时每隔1m用镀锌铁丝绑扎固定。

（3）管道明设时，先将管卡一端的螺钉拧进1/2，然后将管道敷设时的长度在管卡内，逐个将螺钉拧紧。使用铁支架时，可将钢管固定在支架上。管道明设时的长度在2m以内的水平度及垂直度的允许偏差为3mm，全长时不应超过管子内径的1/2。

（4）当管路采用管箍螺扣连接时，套丝不得有乱扣现象。上好管箍后，管口应对接严密，外露螺扣不应多于2扣。当采用壁厚大于2mm的非镀锌管作配管时，应采用套管连接，套管长度为连接管径的2.2倍;连接管口的对口处应在套管的中心,焊口应焊接牢固严密。

金属导管严禁对口熔焊连接,镀锌管和壁厚小于等于2mm的钢导管不得采用套管熔焊连接。

(5)镀锌钢导管、可挠性导管不得熔焊跨接接地线,接地线采用截面积不小于$4mm^2$的软铜导线,并用专用接地卡做跨接连线。

(6)管口入箱位置应排列在箱体二层板后,跨接地线应焊接在暗装配电箱预留的接地扁钢上,管与盒跨接地线可焊在暗装盒的棱边上,管入盒、箱里外均用螺母锁紧,外露螺母的螺扣不得超过3扣。两根以上管入盒、箱应长短一致,间距均匀,排列整齐。

(7)金属软管引入设备时,应符合下列要求:

①金属软管与钢管或设备连接时,应采用专用接头连接。

②金属软管用管卡固定,其固定间距不应大于1m。

③不得利用金属软管作为接地导线。

(二)线槽安装

1. 线槽安装控制

线槽直线段连接应采用连接板,连接处应严密平整无缝隙。线槽采用钢管引入或引出导线时,可采用分管器或螺母将管口固定于线槽上。

线槽进行交叉、转弯、丁字形连接时,应采用单通、二通、三通或四通进行变通连接,线槽终端应进行封堵。导线接头处应设置接线盒或将导线接头放在电气器具内。

穿过墙壁的线槽四周应留出50mm的间隙,并用防火材料嵌填。经过建筑物变形缝时,线槽本身应断开,槽内用连接板搭接。

2. 地面金属线槽安装

根据线槽的弹线位置固定线槽支架,将线槽安放在支架上,然后进行线槽连接,并接好出线口。

要正确选用分线盒、管件,线槽与分线盒连接应固定可靠。

线槽安装结束后，应进行系统的调整，根据地面厚度调整线槽干线、支线、分线盒接头、转弯和出口等处，水平安装高度应与地面平齐。

3. 吊装金属线槽的安装

线槽直线段组装时应先做干线，再做支线，将吊装器与线槽用蝶形卡具固定。

线槽与线槽的连接，可采用内连接接头或连接接头，用螺母拧紧。转弯部位应采用上立弯头和下立弯头，安装角度应符合要求。出线口处应利用出线口盒进行连接，末端要装上封堵。

4. 线槽保护地线的安装

金属线槽及其支架全长不少于 2 处与接地干线相连接。非镀锌线槽间连接板的两端跨接铜芯接地线，接地线最小截面积不小于 $6mm^2$。

镀锌电缆桥架间连接板的两端不跨接接地线，但连接板两端不少于 2 个有防松措施的连接固定螺栓。

(三)分线箱的安装与线缆敷设

1. 分线箱安装

暗装箱体面板应与建筑物的装饰面配合严密。分线箱的安装高度应符合设计要求，设计无要求时，底边距地面不低于 1.4m。

明装壁挂式分线箱、端子箱或声柱箱，将引线与箱内导线用端子做过渡连接，并放入接线箱内。

2. 线缆敷设

所敷设的线缆两端必须有接线标志，布放线缆应排列整齐，不得绞拧，在交叉处，粗直径线应放在细直径线的下方。

管道内穿线不应有接头，接头必须在盒、箱处接续。进入机柜后的线缆应分别固定在分线槽内。

二、广播音响系统的安装

广播音响系统的安装，因其安装属于专业方面的内容，这里不作介绍，仅以扬声器安装为例来说明。

在有线广播的终端，安装有广播喇叭，也就是扬声器，这样才能听到来自广播电台的声音。对于扬声器的安装应根据不同的位置和方式进行。但应固定安全可靠。

扬声器在室内安装高度一般为距离地面2.5m左右或距顶棚0.2m处。在室外时，安装高度为4m。音量控制开关距离地面1.3m或与照明开关同高。

以建筑装饰为掩体安装的扬声器箱体，其正面不得直接接触装饰物。

扬声器安装方法主要有嵌入吊顶安装、吸顶安装等。吸顶式安装时，应将扬声器引线用端子与盒内导线连接好，扬声器应与顶棚紧贴安装，并用螺钉将其固定在吊顶龙骨上，如图6-54所示。

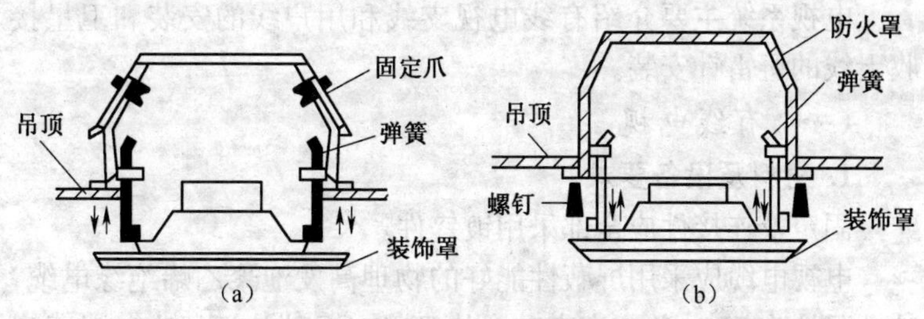

图6-54 扬声器的安装

具有不同功率和阻抗的成套扬声器，应事先将所需接用的线间变压器的端头焊出引线，剥去10～15mm绝缘外皮待用。

三、电话与网络系统安装

电话与网络系统是专线专用，每部电话机，每台电脑都要有自己的专线。但是在一般的情况下，电脑也能同电话机同用一根线。在农村，电话与网络系统的安装，主要是用户终端。

用户室内要安装暗装电话出线盒，并要安装在接电话比较方便的地方。电话出线盒面板规格与室内开关插座规格相同。它分为无插座型和有插座型两种。无插座型电话出线盒只有一个塑料面板，中间留有一个1mm的圆孔，管路中的电话入户线与电话机线在盒内直接连接，适用于话机位置距出线盒较远的用户。有插座型电话出线盒面板又分为单插座型和双插座型两种。使用插座型面板时，管路内导线直接接在面板背面的接线螺钉上，插座上有四个接点，接电话线时用中间两个。

面板安装的标高和位置应符合要求。一般明装插座盒距地面高度为1800mm，暗装插座盒距地面高度为300mm。

接线时，将预留在盒内的导线剥出芯线，压接在面板端子上，然后将面板固定。

当安装的插座盒上方有暖气管道时，其间距应大于200mm；下方有暖气管道时，其间距应大于300mm。

四、电视系统

电视系统主要介绍有线电视支线和用户线的安装和卫星接收天线的避雷针安装。

（一）有线电视

1. 材料及设备要求

固定及连接件应全部采用镀锌件。

电视电缆应采用屏蔽性能好的物理高发泡聚乙烯绝缘电缆，特性阻抗为75Ω，并应有产品合格证及"CCC"认证标志。对于现场环境有干扰的应选用双屏蔽电缆；室外电缆应采用黑色护套电缆；需架空的电缆，可选用自承式电视电缆。

用户终端所用的明装、暗装塑料盒，插座插孔输出阻抗应为75Ω，并有产品合格证和"CCC"认证标识。

2. 支线和用户线

支线宜采用架空电缆或墙壁电缆。沿墙架设时，也可采用线卡卡挂在墙壁上，目测线卡间的距离不得超过0.8m，但不得以电缆本身的强度来支承电缆的重量和拉力。

用户线进入房屋内可穿管暗敷，也可用卡子明敷在室内墙壁上，或放在吊顶上，但均应做到牢固、安全、美观。

在室内墙壁上安装的系统输出口用户盒，应做到牢固、美观、接线牢靠；接收机至用户盒的连接线应采用阻抗为 75Ω，屏蔽系数高的同轴电缆，其长度不宜超过 3m。

(二)卫星接收天线的安装

接收卫星电视节目必须使用专门的抛物面卫星电视接收天线和卫星电视接收机。卫星电视接收天线必须对准卫星才能接收。

1. 避雷针的安装

在边远山区，有线电视线路通不到的农村，均安装卫星接收天线来接收电视信号。安装卫星电视接收天线时，一定要注意避雷针的安装，并应由专业技术人员按照产品说明要求进行安装。

安装的天线如果位于建筑物避雷针保护范围之内的，天线不用设置避雷针；位于避雷保护范围之外的，可在主反射面上沿和副反射面顶端各安装一避雷针，其高度应覆盖整个主反射面。也可单独设置一个避雷针。避雷针应有独立引下线，严禁避雷针接地与室内接收设备共用一个接地线，如图 6-55 所示。

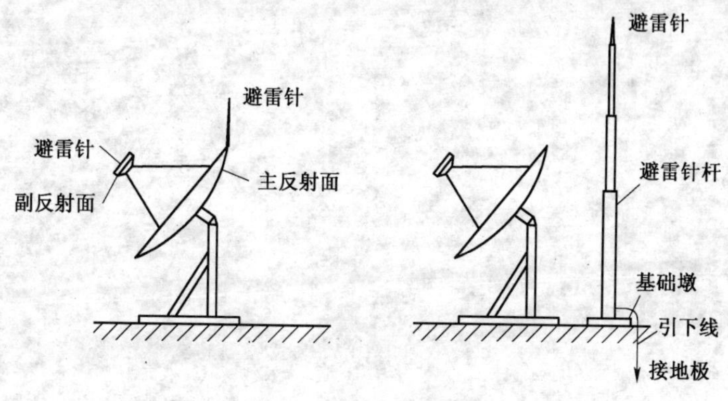

图 6-55　避雷针的安装

2. 天线的安装

架设天线前，应对天线进行检查和测试。天线的振子应水平放置，相邻振子间应相互平行，振子的固定件应采取防松动措施。

馈线应固定牢固,并在接头处留出防水弯。

各频道天线的安装,原则为高频道天线在上边,低频道天线在下边,层间距大于λ/2(λ为波长),且最小间距不小于1m。

通过观测监视器的接收图像和读取场强仪上的测量值,确定天线的最佳接收方位。

3. 用户终端安装

用户终端暗盒的外口应与墙面齐平,盒子标高应符合要求,若无要求时,电视用户终端插座距地面应为300mm。

接线时,先将盒内电缆留长100～150mm,然后将端部长25mm的电缆绝缘护套剥去,留出长3mm的绝缘台和长12mm芯线,将芯线压接在端子上。

当线路全部连通后,检测用户终端电平,用户终端电平应控制在(64±4)dB。使用彩色监视器,观察图像是否清晰,是否有雪花状纹或条纹,以及交流电干扰等。

第七章　新农村的绿化与美化

绿色，代表自然，象征生命。园林绿地，能给农村和自然界带来优美、舒适、清新和充满生机的环境空间，是维持"天人合一"的物质载体。

建设社会主义新农村，就是要使农村生态环境、基础设施环境和人文环境得到大力改善，使广大农民群众的生存质量得到优化。新农村绿化和美化，可以防风固沙、涵养水源、保持水土，而且还可以改善新农村环境，保证农村的生态平衡。

第一节　新农村绿化的规划设计

新农村绿化要以改善农村生态为出发点，在尊重自然、保护现有植被的基础上，通过科学的规划与系统的绿化建设，结合自然条件，有效地防风固土、调节气候、净化空气、削减噪声，完善由乡村田野、自然植被和自然山水共同组成的生态系统。逐步使空气更加清新、河流更加清澈、林木更加茂密、植被更加葱郁。真正达到绿树成荫、瓜果飘香、蜂飞蝶舞，充满生机的新农村自然风光。

一、新农村绿化规划的原则

由于各地农村自然差异和经济差异较大，在新农村园林绿地规划建设时，应制定不同的规划建设标准，着力体现区域特点和地方特色，并要正确处理保护文脉与村镇建设的关系，实现传承历史文化与融入现代文明的有机统一。所以规划新农村绿化时必须遵循下面的原则。

1. 生态学原则及系统工程原则

进行社会主义新农村绿化建设的目的是为了通过科学的绿化规划，建立一个以村为单元相对完整及稳定的生态系统，由单元到区域全面保护和改善生态环境，提高广大新农村人民群众的生存环境及生活质量，是一项生态工程，也是一项系统工程。因此，要坚持生态效益、社会效益、经济效益，以及生态优先、改善生态环境、提高农村绿化水平相并进的原则。

社会主义新农村绿化规划涉及农民利益、集体利益、国家利益；涉及农村的生产、生活以及水、电、田、林、路等各个方面，也要按照系统工程的原理去展开，要正确处理好各种矛盾，协调好各方面的利益，使这一伟大的富民工程能真正做实做好。

通过生态学原则及系统工程，来突出农村的“空间特征”。村庄外、村头、村内以及村民庭院共同构成了乡村空间。要通过科学规划，丰富乡村绿化空间层次与景观。在农村的外部空间，通过系统的林网建设，使农田与林网交相辉映，形成独特的田野风光与绿色走廊；有条件的农村，应在村头精心规划以乔木为主体的绿地或林地，形成与外界的过渡空间，同时也要展示农村特色与文化；在村内，要根据农村的综合布局及自然地形地貌，以乔木为主体，以落叶和常绿树相结合，形成村内绿色骨架体系；村内的活动场所、道路、宅旁与水旁，注重乔木、灌木、花、草的合理搭配，形成多层次、错落有序、亲切宜人的绿色空间；庭院是村民居所的个性与风貌体现，庭院应以绿化为主、硬化为辅，以果树和乔木为主适当选种常绿的灌木和花卉。庭院围墙应空透并以藤蔓植物攀爬，形成垂直绿化，构成富有个性的、精致的家园环境。

2. 适地适树，绿化美化原则

进行社会主义新农村绿化规划，要因地制宜，适地适树。乡村绿化只有突出乡土特色，才能体现独具魅力的乡村风光。因此，绿化必须避免盲目套搬城市的绿化手法和模式，要充分利用自然地形地貌，结合自然条件与地域文化，注重利用和保护现有的自然树木与植被，充分体现乡村的田园风情和自然风光。要因地制宜，尽量选用本地花木，原则上不采用模纹修剪、铺设草坪等绿化模式，要营造自然生态的绿化形态。同时，要注重利用瓜果蔬菜进行辅助绿化，进一步体现乡村特征。可选种桃、李子、山楂、葡萄、枣、杏等果树，挂果时间长、易管理；通过种植葱、韭菜、芹菜等常食用的蔬菜，既保持绿色常在，又方便生活；选栽既开花又结果，观赏实用两相宜的藤蔓植物，如丝瓜、葫芦、豆角等，进行垂直的空间绿化，还有利于房屋的夏季隔热，生态、实用并节能，一举多得，

3. 可持续发展原则

可持续发展是指经济、社会、资源和环境保护协调发展。它是一个密不可分的系统，既要达到发展经济的目的，又要保护好人类赖以生存的自然资源和环境，使子孙后代能够永续发展和安居乐业，决不能吃祖宗饭、断子孙路。进行社会主义新农村绿化规划也应遵循这一原则。对农村经济发展、社会发展，资源优化配置、合理利用与生态保护和建设、环境保护和污染防治等都要有系统的安排。

坚持可持续发展的原则，就要走节约型绿化的路子。在农村绿化中不但要因地制宜、生态优先、科学建绿，还要将节约的理念贯穿于农村绿化的全过程。在规划设计时，一定要紧密结合当地的自然条件与资源，全面保护和系统利用已有的树木与植被，要优先使用成本低、适应性强、本地特色鲜明的乡土树种；要坚持以乔木为主增加绿量，注重植物的多样性，提高生态效果。此外，要尽可能选择节水耐旱植物，提倡简朴、经济的绿化模式，提高绿化投资效益，降低建绿和养绿的成本，充分利用有限的土地、财力等资源，最大限度地增加绿量、改善生态，维护农民的利益。

4. 以人为本原则

坚持以人为本，以人与自然和谐为主线，以经济发展为核心，以提高人民群众生活质量为根本出发点，以科技和体制创新为突

破口，坚持不懈地全面推进经济社会与人口、资源和生态环境的协调，不断提高广大农村的综合实力和竞争力，创造既适合当代人舒适生活环境、又为子孙后代造福的绿色家园。

二、绿化规划的基本形式与内容

（一）绿化规划的基本形式

开展社会主义新农村绿化规划，形式要灵活多样，内容要切合实际，简单地可以概括为以下几种形式：

（1）经济条件比较好的农村，要充分利用其群众基础好、有资金支持等优势，可采用高起点、高标准、高水平模式，按生态学原理进行绿化规划，系统完整，科学合理。基本指标是：植被覆盖率达40%以上，人均绿化近50m^2，农田林网控制率在90%以上，生态公益林面积不低于林业用地总面积的40%。

（2）经济条件中等的农村，可以采用高标准规划，中水平实施，逐渐完善的策略。近期基本指标是：植被覆盖率达30%以上，人均绿化近30m^2，农田林网控制率在90%以上，生态公益林面积不低于林业用地总面积的30%。

（3）经济欠发达的农村，进行新农村绿化规划重点要做好系统规划，制定长远目标。在具体实施过程中要量力而行，先易后难，逐步完善，切不可贪大求洋、盲目追风。前期指标是：植被覆盖率达25%以上，人均绿地20m^2，农田林网控制率在90%以上，生态公益林面积不低于林业用地总面积的20%。

（二）植物选择与种植形式

为防止外来有害绿化物种入侵，降低绿化成本和保证植物生长正常，绿化应选用本土植物或实践已证明引种成功的植物。选用经济价值高的植物为栽植主体，观赏性植物为点缀；乔灌与草相结合，以栽植管护成本低的乔灌木为主；落叶乔（灌）木与常绿乔（灌）搭配种植，形成“三季有花、四季常绿”的绿化格局。

1. 街道绿化

规则式种植以观赏性强、对人体健康有益的花灌木、小乔木为主，可适量搭配部分草木花卉，要考虑不同植物的花、果特点，精心设计，争取实现一街一景。

2. 村内隙地及围村林

自然式或规则式种植围村林，选择冠形好、病虫害少、经济价值较高的乡土树种进行栽种，如香椿、枣树、国槐、桂花、香樟等。

3. 道路旁种植

规则式种植，一般选择树干直、冠幅大、抗病虫的树种，如毛白杨、少球悬铃木等。注意少用雪松等树冠既低又大的树种，以免影响农作物耕种、运输。

4. 沟渠及农田林网

选择速生、窄冠、抗风折的优良杂交品种或者管理简单的深根性经济树种，如枣树等进行种植，形成规模，增加土地效益。

5. 荒山种植

脊薄山地乔灌木混交，常绿树与落叶树搭配种植，封育结合，逐步形成健康森林；土层较深厚的荒山，可以适当栽种花椒、柿子、核桃、文冠果或竹子等经济型树种，落实管护措施，调动群众积极性。

6. 庭院种植

立体绿化与平面绿化相结合，盆景与露天植物相结合，经济型树种与绿化树种相结合。

三、农村绿化的设计形式

农村绿化的设计，是新农村建设的一个组成部分，是农村绿化成功的基本保证。新农村绿化形式千变万化，但必须符合“实用、经济、美观”的原则，其设计形式主要有下列几个方面。

1. 规则式

规则式，就是所有新农村的绿化配置都具有整齐明确的布局风格，也称为图案式或整形式。在规则式的绿化布局中，树木配置以行列式和对称式为主，运用绿篱等设计手法以区别和组织空间。并且通常运用显著的对比色，以增强绿化主体的清晰度。所以，这种方式多用在接近房屋的地方和地形比较平坦而比较规整的园地。

2. 自然式

这种方式，就是在农村绿化布置时，显现出自然山水风景特色的布置格式，所以这种形式也称作不规则式。这种方式与规则式相比，其景物的线条，曲线占了显著位置，地形有起伏变化之态。所种植物不成行列，以效仿自然界植物的群落自然之美。花卉布置以花丛、花群为主，不采用模纹花坛。树木配置以孤立树、树丛或树林为主，以自然的树群带来区划和组织绿化的环境空间。

3. 混合式

在农村绿化的设计中，如果规则式和自然式比例差不多的为混合式。这种模式常是在比较大的绿化地带或园林中应用，可灵活地分区使用规则式和自然式。在接近建筑物的园区采用规则式，远离建筑物而接近自然环境的区域采用自然式。

第二节　草坪与花卉的种植设计

草坪也称草地，是用人工铺植草皮或播植草种培养形成的整片绿色地面。在农村绿化中种植草坪，可以有效地减少水土流失，改良土壤结构，减缓太阳辐射，具有净化空气、降低噪声、改善小气候等作用。

一、草坪的种植设计

(一)草坪的分类

1. 按草坪的用途分类

(1)观赏草坪。以观赏为主要目的，封闭管理，不许游人进入。要求茎叶细、观赏价值高、观赏期长。

(2)游息草坪。供游人游息、散步、小型体育锻炼的场所。面积较大，分布于大片平坦或山丘起伏地段、树丛、树群之间。要求草坪耐践踏、茎叶不易污染。

(3)防护性草坪。在坡地、岸边、公路旁,为防止水土流失而铺设的草坪。

2. 按草坪植物组合分类

(1)单纯草坪。以一种草种组成的草坪,要求叶丛低矮、稠密、叶色整齐美观。但养护管理要求精细,花费人工较多。

(2)混合草坪。两种以上草种混合而成,可优势互补,能延长草坪的绿色期,提高草坪的使用效率和功能。

(3)缀花草坪。混种有花丛的草坪,花丛一般不超过草坪总面积的三分之一。缀花草坪主要用于观赏草坪、疏林草坪、游息草坪和防护性草坪。

3. 按规划布置分类

(1)自然式草坪。平面构图为曲线,充分利用自然地形的起伏,造成具有开朗的原野草地风光,多用于游息草坪和疏林草坪。

(2)规则式草坪。在外形上具有整齐的几何轮廓,平面构图为直线,一般多用于规则式的绿地绿化中,或做花坛、道路的边饰物,布置在雕像、纪念碑、建筑物的周围起衬托作用。地形平坦,多用于观赏草坪。

(二)草坪草种的选择

优良草种应具有繁殖容易、生长快、能迅速形成草皮并布满地面,耐践踏,耐修剪,绿色期长,适应性强等特点。草种的选择应根据不同的用途,不同的土地条件,选择不同的草种。常用草种可分为两大类。

1. 冷季型草种

主要分布在寒温带、温带及暖温带地区。生长发育的最适宜温度为15～24℃,其主要特征是耐寒,喜湿润冷凉的气候,抗热性差,春、秋两季生长旺盛,夏季生长缓慢而呈半休眠状态。常见的本类草种有草地早熟禾、小羊胡子草、匍匐剪股颖、匍茎剪股颖等。

2. 暖季型草种

主要分布在热带、亚热带地区，生长适宜温度为26～32℃，其主要特征为早春开始返青复苏，入夏后生长旺盛，霜打后茎叶枯萎退绿，耐寒性差。常见的草种有结缕草、中华结缕草、细叶结缕草、野牛草、狗牙根等。

二、花卉的种植设计

花卉是一些或姿态优美、或花色艳丽、或花香馥郁，具有观赏价值的草本和木本植物。

花卉种类繁多，范围广泛，常见的花卉分类如下。

1. 依据生态习性

这种分类是根据花卉所处的生长环境，形成其生长发育的生态习性。因此，依据花卉的生态习性可分为露地花卉和温室花卉，其栽培非常广泛。

露地花卉是在自然条件下，不需要保护设施，即可完成生命周期的花卉，通常主要指草花。并且根据其生活史又可分为一年生、二年生和多年生花卉。这种花卉花色艳丽，花期集中，花开繁茂，美化效果快，装饰性强。

一年生花卉一般在春季播种，夏季开花结果。如凤仙花、鸡冠花、百日草、万寿菊等。

二年生花卉又称为秋播花卉，它是在上年秋季播种，次年春夏开花。如紫罗兰、桂竹香，苞石竹等。

多年生花卉能多次开花结果，这其中可分宿根花卉和球根花卉。宿根花卉是指植物体地下部分宿存越冬而不膨胀，次年则能继续萌芽开花，如芍药、萱草、蜀葵等草本花卉；球根花卉指地下部分会逐渐变成球状或块状的多年生草本花卉。这种花卉有百合、郁金香、马蹄莲、水仙等。

温室花卉是常年或较长的时间内需在温室中栽培的引种观赏植物。这种花卉因地区而异，如扶桑、茉莉、含笑等，在华南地区为露天花卉，而在华北地区则为温室花卉。温室中的宿根花卉有万年青、君子兰、非洲菊等品种；温室球根花卉有仙客来、马蹄莲及朱顶红等。

2. 依据茎的性质分

（1）木本花卉。是指具有观赏价值的木本植物，可分为乔木和灌木。乔木是有明显的主干和树冠，如苦楝、桉树、古槐等。灌木的主干不明显，通常是基部分枝，比较矮小，如月季、榆叶梅、丁香等。

（2）草本花卉。是指具有观赏价值的草本植物，其茎质地柔软，常有一年生、二年生和多年生花卉。

（3）亚灌木花卉。这种花卉是茎干处于半木质化的多年生植物，株形介于草本与灌木之间，如倒挂金钟、香石竹、天竺葵等。

3. 按绿化用地分

在绿化地中常见的布置形式有花坛花卉、盆栽花卉、室内花卉、荫棚花卉等。

三、花卉环境绿化设计

在农村绿化中，花卉在环境绿化设计中可分为花坛、花境、花丛等几种形式

（一）花坛

花坛是在一定几何形体的种植床内，种植花卉植物构成艳丽的色彩和美丽的图案。花坛欣赏的不是个体花卉的线条美，而是花卉群体的造型美、色彩美。在绿化地中花坛常做出入口的装饰，建筑物的陪衬，道路两旁、转角和树坛边缘的装饰。

1. 花坛种植模式

花坛种植花卉，可分为花丛式花坛和模纹式花坛两种。

（1）花丛式花坛。花丛式花坛是利用高低不同的花卉植物，配置成立体的花丛，以花卉本身或者群体的色彩为主题，当花卉盛开的时候，有层次有节奏地表现出花卉本身群体的色彩效果。花丛式花坛的植物主要以选用草花为主，要求开花繁茂、花期一

致、花期较长、花色艳丽、花序分布成水平展开,开花时枝叶全为花序所掩盖。一般都采用观赏价值较高的一、二年生花卉。如三色堇、金盏菊、鸡冠花、一串红、半支莲、雏菊、翠菊等。花丛式花坛外形可以丰富,但内部种植应力求简洁。

(2)模纹花坛。模纹花坛是应用不同色彩的观叶植物和花叶兼美的花卉植物,互相对比所组成的各种华丽复杂的图案、纹样、文字、肖像,是模纹花坛所表现的主题。模纹花坛所选用的花卉植物,要求细而密、繁而短、萌发性强、极耐修剪、植株短小的观叶植物。一般常用雀舌黄杨、五色苋、石莲花、景天、四季海棠等。模纹花坛外形简单但内部纹样应该丰富。

2. 花坛的规划布置方式

花坛的规划布置方式有独立花坛、花坛群、带状花坛三类。

(1)独立花坛。这是指一个独立存在的花坛,常是一个局部构图的主体或构图中心。它的形状可以是圆形、椭圆形、多边形等,也可以是多面对称的几何图形。独立花坛面积不宜太大,否则观看远处的花卉就会模糊不清。

(2)花坛群。花坛群是由多个花坛组成一个不可分割的构图主体。花坛群的配置一般为对称排列。单面对称,许多花坛对称排列在中轴线的两侧。多面对称,多个花坛对称排列在多个相交轴线的两侧。

(3)带状花坛。这种花坛的形状是长带形的,其长度与宽度之比大于3。带状花坛是一个连续构图,可以做主景,布置在道路的中央。也可以作配景,布置在道路的两侧,起装饰美化作用。

3. 花坛的布置与设计

(1)平面布置。花坛的位置要适中,其轴线应与建筑物的轴线相一致,在道路的交叉口可与主要轴线相重合。花坛的外形、风格均应与地形、建筑相统一而又有对比的变化,使之活泼、自然。一般在建筑物前应设计成圆形或多边形,沿道路和草地边缘是带状花坛。

(2)高度及边缘装饰。通常花坛种植床应高出地面 70～100mm,最好有 4%～10%的斜坡以利排水。草花的土层厚度为 200mm,灌木 400mm。边缘装饰的高度一般为 100～150mm,大型的不超过 300mm。边缘装饰的纹样有多种多样,材料有砖、水泥浇注、钢筋焊接等。

4. 花坛的色彩配置

对花坛的色彩配置要有宾主之分,即以一种色彩作为主色调,以其他色彩作为对比陪衬,否则会给人以杂乱无章的感觉。在做色彩配置时,一般以淡色为主,深色作陪衬,或者用白色介于两色之中,这样观赏的效果会更突出。并且还要注意花坛本身的色彩与周围环境色彩相协调或对比。比如四周都是绿色的草坪时,则应对花坛中的花卉设计为黄、红色为主的花卉,就会显得对比强烈,格外鲜艳夺目,收到良好的装饰效果。

(二)花境

花境是以多年生花卉为主,采取自然式块状混交布置组成的带状地段来表现花卉的群体之美。

花境中花卉的配置比较粗放,对植物高矮要求不严,不要求花期一致,但要保证一年四季有花开。要考虑到同一季节中各种花卉的色彩,姿态,体形及数量的协调对比,整体构图要严谨。

在设计花境时,花境不宜过宽,与背景的高低、道路的宽窄成比例,边缘可用草坪、矮形花卉作点缀。从两面观赏的花境要四周低中间高;单面观赏的则应前边低后面高。

在设计花境时,还应使花境内的花卉的色调与四周环境相协调或对比。

(三)花丛

花丛均以自然式布置,每个花丛由三至五株花卉组成,可以是同一类品种,也可以是不同种类的混交,可选用多年生的宿根花卉为主。同一花卉内种类要少而精,形态和色彩要有变化。花丛可以布置在树林边缘或自然式的道路两旁。

第三节 乔灌木的种植设计

对新农村绿化植物种植设计，首先应满足生态学原则，优先选择适应当地气候和土壤条件的乡土植物，并应强调植物生态系统的形成与稳定性。在满足生态学的原则上，还要结合绿地的性质和主要功能，以及艺术性的原则对树木的配置进行合理优化设计。

一、乔灌木的特性

乔灌木都是直立性的木本植物，在农村绿化综合功能中作用显著，居于主导地位，是农村绿化的骨架。

1. 乔木的特性

乔木树冠高大，寿命较长，树冠占据空间大，而树干占据的空间小，因此不大妨碍游人在树下活动，乔木的形体、姿态富有变化，枝叶的分布比较空透，在改善小气候和环境卫生方面有显著作用，特别是有很好的遮荫效果；在造景上乔木也是多种多样的，丰富多彩的，从郁郁葱葱的林海，优美的树丛，到千姿百态的孤立树，都能形成美丽的风景画面。在农村绿化中，乔木既可以成为主景，也可以组成空间和分离空间，还可以起到增加空间层次和屏障视线的作用。因乔木有高大的树冠和庞大的根系，故一般要求种植地点有较大的空间和较深厚的土层。

2. 灌木的特性

灌木树冠矮小，多呈现丛生状，寿命较短，树冠虽然占据空间不大，但较乔木而言对人们活动的空间范围小。其枝叶浓密丰满，常具有鲜艳美丽的花朵和果实，形体和姿态也有很多变化；在防尘、防风沙、护坡和防止水土流失方面有显著作用；在造景方面可以增加树木在高低层次方面的变化，可作为乔木的陪衬，也可以突出表现灌木在花、果、叶观赏上的效果；灌木也可用以组织和分隔较小的空间，阻挡较低的视线；灌木尤其是耐荫的灌木与大乔木、小乔木和地被植物配合起来成为主体绿化的重要组成部分。灌木由于树冠小、根系有限，因此对种植地点的空间要求不大，土层也不要很厚。

二、乔灌木种植的类型

1. 孤植

孤植是指乔木的孤立种植。此树又称孤立树，有时在特定的条件下，也可以是两株到三株紧密栽植，组成一个单元。但必须是同一树种，株距不超过1.5m，远看起来和单株栽植的效果相同。孤立树下不得配置灌木。孤立树的主要功能是构图艺术上的需要，作为局部空旷地段的主景，当然同时也可以蔽荫。孤立树作为主景是用以反映自然界个体植株充分生长发育的景观，外观上要挺拔繁茂，雄伟壮观。

孤立树应选择具备以下几个基本条件的树木：

(1)植株的形体美而较大，枝叶茂密，树冠开阔，或是具有其他特殊观赏价值的树木。

(2)生长健壮，寿命很长，能经受住重大自然灾害的侵袭，宜多选用当地乡土树种中久经考验的高大树种。

(3)树木不含毒素，没有带污染性并易脱落的花果，以免伤害游人，或妨害游人的活动。

孤立树在园林种植树木的比例虽然很小，却有相当重要的作用。孤植树种植的地点应比较开阔，不仅要有足够的生长空间，而且要有比较合适的观赏视距和观赏点。最好有天空、水面、草地等色彩既单纯又有丰富变化的景物环境作背景衬托，以突出孤植树在形体、姿态、色彩方面的特色。

2. 对植

对植是指用两株树按照一定的轴线关系作相互对称或均衡的种植方式，主要用于强调公园、建筑、道路、广场的入口，同时结合蔽荫、休息，在空间构图上是作为配置用的。在规则式种植中，利用同一树种、同一规格的树木依主体景物的中轴线作对称布置，两树的连线与轴线垂直并被轴线等分。规则式种植，一般采用树冠整齐的树种。在自然式种植中，对植是不对称的，但左右是均衡的。自然式的进口两旁、石阶的两旁、河道的进口两边、建筑物的门口，都需要有自然式的进口栽植和诱导栽植。自然式对植是以主体景物中轴线为支点取得均衡关系，分布在构图中轴线的两侧，必须是同一树种，但大小和姿态必须不同，动势要向中轴线集中，与中轴线的垂直距离，大树要近，小树在远，两树栽植点连成直线，不得与中轴线成直角相交。一般乔木距建筑物墙面要5m以上，小乔木和灌木可适当减少，距离至少2m以上。

3. 行列栽植

行列栽植是指乔灌木按一定的株行距成排的种植，或在行内株距有变化。行列栽植形成的景观比较整齐、单纯、气势大。行列栽植是规则式绿地中应用最多的基本栽植形式。在自然式绿地中也可布置比较整形的局部。行列栽植具有施工、管理方便的优点。行列栽植多用于建筑物、道路、地下管线较多的地段。行列栽植与道路配合，可起夹景效果。行列栽植宜选用树冠体形比较整齐的树种，如圆形、卵圆形、倒卵形、塔形、圆柱形等，而不选枝叶稀疏、树冠不整齐的树种。行距取决于树种的特点、苗木规格和园林主要用途，如景观、活动场所等，一般乔木采用3～8m，灌木为1～5m。行列栽植的形式有两种：等行等距、等行不等距。

4. 丛植

丛植通常是由二株到十几株乔木或乔灌木组合种植而成的种植类型。配置树丛的地面，可以是自然植被或是草地、草花地，也可以配置山石或台地。树丛是园林绿地中重点布置的一种种植类型。它以反映树木群体美的综合形象为主，但这种群体美的形象又是通过个体之间的组合来体现的，彼此之间有统一的联系又有各自的变化，互相对比、互相衬托。选择作为组成树丛的单株树木条件与孤植树相似，必须挑选在蔽荫、树姿、色彩、芳香等方面有特殊价值的树木。树丛可以分为单纯树丛及混交树丛两类。蔽荫的树丛最好采用单纯树丛形式，一般不用灌木或少用灌木配植，通常以树冠开展的高大乔木为宜。而作为构图艺术上主景、诱导、配景用的树丛，则多采用乔灌木混交树丛。

树丛作为主景时，宜用针阔叶混植的树丛，观赏效果特别好，可配置在大草坪中央、水边、河旁、岛上或土丘山岗上，作为主景的焦点。在中国古典山水园林中，树丛与岩石组成常设置在粉墙的前方、走廊与房屋的角隅，组成一定画题的树石小景。作为诱导用的树丛多布置在进口、路叉和弯曲道路的部分，把风景游览道路固定成曲线，诱导游人按设计安排的路线欣赏丰富多彩的园林景色，另外也可以用作小路分支的标志或遮蔽小路的前景，达到峰回中转又一景的效果。树丛设计必须以当地的自然条件和总的设计意图为依据，用的树种少但要选得准，充分掌握植株个体的生物学特性及个体之间的相互影响，使植株在生长空间、光照、通风、温度、湿度和根系生长发育方面都得到适合的条件，这样才能保持树丛的稳定，达到理想效果。

丛植的配植形式有：二株树丛的配合、三株树丛的配合、四株树丛的配合、五株树丛的配合。

5. 群植

组成群植的单株树木数量一般在 20～30 株以上。树群所表现的，主要为群体美，树群也像孤立树和树丛一样，是构图上的主景之一。因此树群应该布置在有足够距离的开阔场地上，如靠近林缘的大草坪、宽广的林中空地、水中的小岛屿、宽广水面的水滨、小山山坡上、土丘上等。树群主要立面的前方，至少在树群高度的 4 倍、树群宽度的一倍半距离上，要留出空地，以便游人欣赏。

群植规模不宜太大，在构图上要四面空旷，树群组成内和每株树木，在群体的外貌上都要起一定作用。树群的组合方式，最好采用郁闭式，成层的结合。树群内通常不允许游人进入，游人也不便进入，因而不利于作蔽荫休息之用。

树群可以分为单纯树群和混交树群两类。单纯树群由一种树木组成，可以应用宿根性花卉作为地被植物。树群的主要形式是混交树种。混交树种群分为五个部分，即乔木层、亚乔木层、大灌木层、小灌木层及多年生草本植被。其中每一层都要显露出来，其显露的部分应该是该植物观赏特征突出的部分。乔木层选用的树种，树冠的姿态要特别丰富，使整个树群的天际线富于变化，亚乔木层选用的树种，最好开花繁茂，或是有美丽的叶色，灌木应以花木为主；草本覆盖植物应以多年生野生性花卉为主，树群下的土面不能暴露。树群组合的基本原则，高度采光的乔木层应该分布在中央，亚乔木在四周，大灌木、小灌木在外缘。

树群内植物之间的栽植距离要有疏密变化，要构成不等边三角形，切忌成行成排、成带地栽植，常绿、落叶、观叶、观花的树木应用复层混交及小块混交与点状混交相结合的方式。树群的外貌要高低起伏有变化，要注意四季的季相变化和美观。

6. 林带

林带在绿地中用途很广，可屏障视线，分隔绿地空间。可做背景，可庇荫，还可防风、防尘、防噪声等。自然式林带就是带状的树群，一般短轴为1，长轴为4以上。

自然式林带内，树木栽植不能成行成排，各树木之间的栽植距离也要各不相等，天际线要起伏变化，外缘要曲折。林带也以乔木、亚乔木、大灌木、小灌木、多年生花卉组成。

林带属于连续风景的构图，构图的鉴赏是游人前进而演进的，所以林带构图中要有主调、基调和配调，要有变化和节奏，主调要随季节交替而交替。当林带分布在河滨两岸、道路两侧时，应成为复式构图，左右的林带不要求对称，但要考虑对应效果。

林带可以是单纯林，也可以是混交林，要视其功能和效果的要求而定。乔木与灌木、落叶与常绿的混交种植，在林带的功能上也能较好地起到防尘和隔声效果。防护林带的树木配置，可根据要求进行树种选择和搭配，种植形式均采用成行成排的形式。

第四节　攀缘与水生植物的种植设计

攀缘与水生植物，也是农村绿化中常用的品种。攀缘植物是住宅垂直绿化的主要材料；水生植物是对水中或湿地进行绿化所选的主植物。

一、攀缘植物的种植设计

（一）攀缘植物的类别

攀缘植物对环境进行绿化，其最大的优点就是能充分应用土地和空间，并在短期内得到绿化效果。并可丰富绿化景物构图的立面景观，起到装饰、遮阳、防尘和分隔空间等作用。

不同的攀缘植物对环境条件的要求不相同，应根据攀缘植物的观赏效果和功能要求进行设计。

在攀缘植物的种群中，主要有攀缘类、缠绕类、攀附类等。攀缘类的品种有丝瓜、葫芦、葡萄等，适用于篱墙、棚架和重挂等。缠绕类的品种有金银花、紫藤、牵牛等。攀附类的植物有爬山虎、扶芳藤、常青藤等。

（二）攀缘植物的选择

1. 根据种植地朝向

由于攀缘植物对环境条件的要求不同，所以应根据种植地的朝向来选择攀缘植物。东南向的墙面或构筑物前，应种植比较喜阳的攀缘植物；北向墙面或构筑物前或高大建筑物北面，以及高大的乔木下面，应栽植耐阴的攀缘植物。

2. 根据建筑物的高度选择

不同的攀缘植物，生长的高度也不同，所以，对攀缘植物进行种植设计时，则应根据墙面或构筑物的高度来选择攀缘植物。例如墙面或构筑物高度在 2m 左右时，可种植爬蔓月季、常春藤、牵牛等；墙面高度在 2～5m 的，可种植葡萄、葫芦、丝瓜、金银花等。

(三)种植配置形式

1. 配置原则

应用攀缘植物对环境进行绿化时,要考虑其周边的环境进行合理配置,在色彩和空间大小以及形式上应协调一致,要采取丰富品种,形式多样的景观效果。并且还要尽量做到草本与木本混合播种,开花品种与常绿植物相搭配,以丰富季节变化的需求。

2. 配置的形式

(1)点缀式。以观叶植物为主,点缀观花植物,实现色彩丰富。

(2)整齐式。整齐式应力求在花色的布置上达到艺术化,创造美的效果。并要体现出有规则的重复韵律和同一整体的美。

(3)花境式。要采用多种植物错落配置,观花植物穿插观叶植物,要呈现出株形、叶色和姿态,以及花色各异的景观效果。

(4)重吊式。在墙顶或平屋檐口放置种植花盆,在盆中种植花色艳丽或叶色多彩、下垂飘逸的植物,让枝蔓垂吊于下,既充分利用了空间,又美化了环境。

(5)悬挂式。在攀缘植物覆盖的墙体上悬挂应季花木,丰富色彩,增加立体美的效果。但这种布置要简洁、灵活、多样,富有特色。

二、水生植物的种植设计

在农村的水塘、河旁及湿地等地方进行绿化,则应采用水生植物。水生植物不仅可以观叶、赏花,还能欣赏到映照在水中的倒影,这种景观给人一种清新舒畅之感。

(一)水生植物的分类

水生植物按其生长习性及生态环境,可分为如下几种:

(1)挺水植物。植物的上部生于水面以上,下部则生在水面以下,一般生长于浅水或池塘周围潮湿的土地上,如荷花、水生美人蕉等。

(2)沉水植物。植物体全部生长于水中,但它能在水中释放氧气,因而又称为生氧植物,如生于水中的藻类植物。

(3)浮生植物。可自由地浮于水面生长的植物,如水葫芦、浮萍等。由于这类植物根系发达,极具侵占性,渐成侵害性植物,所以引种时要注意。

(4)浮叶植物。这种植物扎根于池底,叶浮于水面,如睡莲等,如图 7-1 所示。

图 7-1 红花睡莲

(二)设计要求

在设计水生植物种植时,必须了解水体的深度,然后再设置深水、中水及浅水栽植区,并应注意如下事项。

(1)水生植物与环境条件中关系最密切的是水的深浅,一定要根据挺水植物、浮叶植物等的习性配置。

(2)切忌将水生植物种满全池,也不要沿岸一圈全部种上,而应该有疏有密,有断有续,留出一定的水面空间,产生倒影效果。

(3)水生植物种植要科学搭配,因地制宜,可以是单一品种,也可以是几种混植。在混植时,还要在美化效果上考虑主次之分,以形成一定的特色,在植物间形体、高矮、叶形、姿态的特点及花期、花色上能相互对比调和。

第五节 街道绿化

街道绿化是整个农村绿化的骨架,是新农村建设的重要组成部分。街道绿化不仅能改善农村的生态条件,减少交通噪声,而且能使整个农村大为增色。

一、街道绿化的树种选择

街道绿化的效果如何,树种的选择起着决定性的作用。在选择时要选择适宜的园林植物,形成优美的稳定的景观。选择的一般标准是:

(1)应选择树干挺直、体形优美、冠大荫浓、不易倒伏的树种,如槐树、银杏、香樟、少球悬铃木等。

(2)应选择能适应当地的气候条件和土壤生长条件的乡土树种,栽植易活、生长迅速的品种。如北方的白杨、槐树等。

(3)在选择树种时,还应选择易管理、对土壤肥力要求不高,并且具有耐旱耐修剪、萌芽力强、病虫害少的树种。

(4)在选择时,应选择无臭、无毒、无刺、落果少、无飞絮、花果无黏液的树种,并且还应选择具有发芽早、落叶晚,绿色期长的品种。

(5)对街道进行绿化选择树种时,还应结合街道的性质进行科学配置,形成每街一树一景的自然风光。如村内的主干道,两边可以种植少球悬铃木树、槐树或白杨,以及雪松、龙柏等树种;次干道上可以栽植些女贞、竹子及灌木类的植物。

二、街道绿化注意事项

对农村街道进行绿化设计时,要充分了解街道上的车流量、行人及车辆的类别,道路的宽度和结构类型,道旁的地质和土壤,市政设施的供排水、燃气管道埋深、电杆灯柱,电缆埋置等的详细情况,然后根据这些资料来选择树种、配置方式和株行距、树干高度及绿带宽度等。所以,在设计街道绿化时,则应注意如下事项:

(1)首先应注意种植物与建筑物、构筑物之间的水平距离。其距离应符合表7-1的规定。

表7-1　种植物与建筑物、构筑物水平间距

建筑物、构筑物名称	最小间距(m)	
	至乔木中心	至灌木中心
有窗建筑物外墙	3.0	1.5
无窗建筑物外墙	2.0	1.5
人行道边	0.75	0.5
高2m以下的围墙	1.0	0.75
电线杆的中心	2.0	不限
排水明沟边缘	1.0	0.5
邮筒、路牌、车站标志	1.2	1.2
警亭	3.0	2.0
测量水准点	2.0	1.0
冷却塔	高的1.5倍	不限

(2)种植的树木与地下管道水平间距应符合表7-2的规定。

表7-2　树木与地下管道水平间距

地下物名称	至中心最小净距(m)	
	乔木	灌木
给水管、闸井	1.5	不限
污水管、雨水管、探井	1.0	
电力电缆、探井	1.5	—
弱电电缆沟、电力杆、路灯杆	2.0	—
消防龙头	1.2	1.2
天然气管	1.2	1.2
排水盲沟	1.0	—
热力管	2.0	1.0

(3)树木株行距的确定要符合表 7-3 中的规定，并且要考虑树木的生长速度等各方因素。

表 7-3 乔木与灌木种植株距

<table>
<tr><th colspan="2" rowspan="2">树木种类</th><th colspan="4">种植株距(m)</th></tr>
<tr><th>游步道行列树</th><th>行距</th><th>植篱</th><th>防护林带</th></tr>
<tr><td rowspan="3">乔木</td><td>阳性树种</td><td>4～8</td><td>—</td><td>—</td><td>3～6</td></tr>
<tr><td>阴性树种</td><td>4～8</td><td>—</td><td>1～2</td><td>2～5</td></tr>
<tr><td>树丛</td><td>0.5 以上</td><td>0.5 以上</td><td>—</td><td>0.5 以上</td></tr>
<tr><td rowspan="3">灌木</td><td>高大灌木</td><td>—</td><td>0.5～0.7</td><td>0.5～1.0</td><td rowspan="3">0.5～1.0</td></tr>
<tr><td>中高灌木</td><td>—</td><td>0.4～0.6</td><td>0.4～0.6</td></tr>
<tr><td>矮小灌木</td><td>—</td><td>0.25～0.3</td><td>0.25～0.35</td></tr>
</table>

(4)在对街道进行绿化时，应避免行道树与架空电线杆在横断面上处于同一位置，否则要选择合适树种，以减小树枝与电线相互干扰的矛盾。架空电线与树木的间距应符合表 7-4 中的规定。

表 7-4 架空电线与树木的间距

架空线种类	树木枝条与架空线的水平距离(m)	树木枝条与架空线的垂直距离(m)
1kV 以下电力线	1	1
1120kV 电力线	3	3
3110kV 电力线	4	4
15220kV 电力线	5	5
电信明线	2	2
电信暗线	0.5	0.5

(5)在宅前小路旁绿化时，由于路面较窄，可以在一边种植小乔木，一边种植花卉草坪。但需注意转弯处不能种植高大的绿篱。靠近住宅的小路旁绿化不能影响室内彩光和通风。

三、街道绿化带种植形式

街道绿化的种植形式，是街道绿化的主要内容，必须根据街道的宽度、性质去决定它的布置形式。

(1)为使行道树有良好的遮阳效果，避免行人和建筑物内部受到阳光的强烈照射，应根据街道走向配置行道树。所谓行道树，就是种在道路两旁，给车辆和行人遮荫并构成街景的树木。在街道比较宽阔的条件下，行道树多采用整齐、对称的布置形式。如果街道比较狭窄，就只能在道的一边种植行道树，并且还应考虑街道的走向。在南北走向狭窄的街道，行道树应种植在路的东侧；在东西走向的街道上，行道树应种植在道路的南边。并且由于街道南面阳光照射时间长，光照条件好，应种植喜光的树种。而街道北面的则应选择耐阴的品种，如图 7-2 所示。

图 7-2　街道绿化

(2)在乔木与灌木的配合上，可采用如下的配置方式：

①在街道绿化中，采用侧柏等常绿绿篱及落叶乔木将车行道及人行道隔离开，可以有效减少灰尘及汽车尾气。

②一些宅前小路或者是居住区的道路，可采用以落叶树木为主的种植形式，但是为了改善冬季景观较差的状况，可用常绿树点缀在视线集中的重要地段。

③在农村学校的校内道路上或村内其他街道上，可以种植常绿乔木及常绿绿篱，并点缀各种开花灌木，其艺术效果较好。

④在街道路口或街道中部凹进的空地上进行绿化配置，应根据面积大小，轮廓形状、不同地段交通情况、人流量的多少，周围建筑物的艺术造型，设计规划成不同的形式。

第六节　庭院绿化设计

庭院，是指农村中的民居院落、村委会、卫生所、学校、小变电站、养殖场等具有围护结构的地方。

庭院绿化是农村绿化的重要元素，是农村生态良性发展的基础之一。庭院绿化不仅反映出村庄的文化内涵和地方特色，在某种程度上反映一个地区的经济发展水平和文明程度。因此，庭院绿化在改善村居环境、推进社会主义新农村建设中占有重要地位。

一、家庭院落绿化的模式

农村庭院绿化生态模式可以不拘形式，别出心裁，多种模式结合，但应与周边环境协调一致，与自家建筑要浑然一体，与室内装饰风格互为延伸，院内各组成部分要有机相连、过渡自然，达到绿化的效果。同时，在通过庭院绿化改善人居环境的同时，也要考虑为农民创造生产价值，使其利用有限的空间，在一个小小的庭院中实现人与自然的协调发展。根据各地庭院绿化情况的总结，主要有如下几种模式。

1. 园林型庭院

此类型适用于经济条件好，且庭院面积较大的农户，即像城市公园或苏州园林那样进行微缩。引种栽培玉兰、海棠、碧桃、牡丹、桂花、合欢等植物，以喻“玉棠春富贵”之美好的象征意义，同时可再配合月季、菊花等观赏类花卉进行栽植。道路要硬化，达到曲径通幽的效果。有条件者还可建筑水池、喷泉、假山、亭廊等进一步提高园林庭院品位，达到诗情画意的意境。

2. 林木型庭院

适合于绿化用地面积较大的庭院，在较宽的庭院里，可选取多类树种，选择的树种应主要考虑景观生态效益，兼顾经济效益，以高大乔木为主，灌木为辅。如厨房附近宜种植可吸附油烟及灰尘的刺槐、梧桐、杨树等；厕所及猪圈附近宜种植榆树、国槐；厅房附近宜种植桂花、榆树、槐树。同时，要注意树形高矮搭配。屋后宜种植枝干较小的树木，也可间种几株果树。林木稀少、用材缺乏或气候、土壤等条件较恶劣、经济基础薄弱地区的农户可首先选择这一模式。优先栽培适宜的乔木树种，可以多树种搭配、常绿和落叶树种混交，要注意密度适当，如密度过大虽有绿化成效，但难以长成大材。

3. 林果型庭院

一般农户均可选择此类型，全国各地农村庭院的面积大多为120～300m^2，在庭院的西北方可种植数排梧桐、榆树、柳树、刺槐，以起到挡风的作用，而东南方可种植葡萄、石榴、桃、李、梨等，也可间种几株香椿、国槐、柳树，还可以在空隙处种一些花卉。绿化用地面积较大的庭院可结合绿化栽植果树，以获得一定的经济效益。庭院内既可是多种果树混种，又可单种一种果树，树种以梨、石榴、葡萄、枣、柿子等为主。在绿化过程中，可对上述基本模式进行组合，形成新的混合模式。栽培林木品种可多样，乔灌木结合效果好，果树品种不宜多，分门别类管理，林木和果树不要混交栽种，否则果树易遭荫蔽而产量低。各农家种的果树品种应各不相同，这样才能既有较好的绿化、观赏效益，又可产生较好的经济效益，图7-3所示是庭院门前的绿化。

4. 花卉型庭院

此模式适用于家庭较殷实，爱好并懂得花卉盆景制作、栽培技术的农家。庭院占地面积狭小的农家，主要以栽种花卉为主，间种几株乔木，如图7-4所示。花卉可选取高、中、矮种类的搭配，栽培以灌木、草本为主的花木。或地栽、或造型盆栽，既可四季观叶、观花、观果，自得其乐，又可出售部分花木和盆景获取收益，还可设置斜面花台，扩大花木盆景摆放面积。有条件者，还可建筑各式花棚或小型温室，发展树桩盆景、山石盆景等，增添审美情趣。

图 7-3 庭院门前绿化

图 7-4 花卉庭院绿化

5. 药材、蔬菜型庭院

干旱地区庭院宜栽耐旱药材，如柴胡、黄芩、黄芪等；水湿地区可选择喜湿润、不耐寒的药材，如元胡、附子、北沙参、慈姑等；山区则应选择套种喜湿怕热的黄连、党参、麦冬、西洋参等。庭院也可种一两畦菜，黄瓜、茄子、豆角、番茄，不仅可以吃到绿色蔬菜，还美化庭院，并可利用闲时管理，一举多得。此外，庭院围墙的垂直绿化可选择藤本类植物，如紫藤、爬山虎、常春藤等，如图 7-5 所示的围墙绿化。

图 7-5 庭院围墙绿化

6. 庭院遮荫的绿化

除了上边的庭院绿化，还有一种庭院的遮荫绿化。这种形式一般有两种：院中遮荫和房间避荫。院中遮荫主要是采用攀附性的植物进行棚架绿化。如种植葡萄、丝瓜、瓜娄及其他藤类植物进行绿化遮荫，如图 7-6 所示。

图 7-6　遮荫棚架式绿化

另一种就是房屋的四周种植些攀附性的植物，使其向房屋的墙体向上或横向扩展，将房屋墙体遮蔽，达到室内荫凉、院内绿化的双重效果，如图 7-7 所示。

图 7-7　垂直避荫绿化

二、单位庭院的绿化

1. 幼儿园绿化

幼儿园绿化的树种是必须认真考虑的。为了幼儿的安全和身心健康，选择的绿化树种应无刺、无毒、无臭、无絮，观花、观叶、观果或有香味的植物为宜。在游戏区域，可种植些遮阳的落叶开花乔木。在场地边角地带，可适当点缀些花灌木或耐践踏的草坪。在走道上，可以设置花架或棚架，种植些如葡萄、瓜娄、丝瓜等攀缘植物。

2. 中小学校校园绿化

农村中小学校校园绿化，应以教学区四周和体育场划分绿地。设计的原则以方便人流通行，布局形式以规则式为好。

教学区四周绿化布局形式应与建筑物相协调。在朝南方向临窗植物的种植应以小灌木为主，高度不宜超过底层窗口，以利于教室的通风和采光。在教室东西两侧，可种植速生高大乔木，以防日晒。在建筑物的主要入口处的两边，可以配置四季花木和孤植较名贵的树木，以点缀建筑物的正立面，丰富校区景色。在离开教室 5m 的地方，可种植中、小型乔木。

在体育运动场地周围，可以种植高大浓荫的乔木，尽量少种灌木。体育运动场地与教学区的建筑物之间要设林带，以减少体育运动的噪声影响学生听课学习和教师备课。

中、小学校绿化树种，应采用常绿与落叶、阔叶与针叶、观花赏果、低矮灌木与攀缘植物等丰富多彩的绿化花木，力求不同形式，以求景观层次和品味，如图 7-8 所示。

图 7-8 学校校园绿化

3. 村委会院内绿化

在现代新农村，村委会院内不但有村长书记办公的地方，还有其他娱乐场所，农民学习园地等。因此，此院绿化力求高雅大气。沿建筑物的四周，可错落有致地配置些大叶黄杨球,棕榈树等观姿植物,或配以海棠、南天竹、木槿、桂花等四季变化的植物。并且要采用乔木与其间植,做到错落有致。墙院四周应种植高大乔木和草坪结合。门外两侧沿围墙可种植些龙柏等,也可沿外墙种植些攀缘植物。

4. 养殖场地的绿化

搞好场区的绿化建设,能美化场容,吸收有害气体,减轻异味,改善环境条件。

农村养殖场地多为封闭,并且产生的臭气较浓,所以则应依据养殖的对象设计不同的绿化布局。一般情况下,应沿养殖场的围墙四周栽植花椒,养殖房或棚区前可种植乔木或低矮灌木,也可种植些吊兰、芦荟、虎尾兰、茉莉、丁香、金银花、牵牛花、欧洲香草等能产生香味的花草树木,来消除场内的异味。

场内各区的四周,都应设置隔离林带,一般可采用绿篱植物小叶杨树、松树、榆树、丁香等,或以栽种刺笆为主。刺笆可选陈刺、黄刺梅、红玫瑰、野蔷薇、花椒、山楂等,起到防疫隔离安全等作用。

第七节 屋顶绿化

在全国许多农村,所建的房屋还是平顶式,即使是坡顶的房屋,也设计有阳台或平台。如果对平房顶和阳台等地方进行绿化,一方面可以增加绿化面积,改善生态环境,而且能有效地减少建筑的辐射热及热岛效应,为农村居民提供一个环境优美、空气清新的生活氛围。

一、屋顶绿化的栽培介质

屋顶绿化种植层的土壤必须具有密度小、重量轻、疏松透气、保水保肥、适宜植物生长和清洁环保等性能。显然一般土壤很难达到这些要求,因此屋顶绿化一般是人工将各类介质进行优化配置。栽培介质的重量不仅影响种植层厚度、植物材料的选择,而且直接关系到建筑物的安全。密度小的栽培介质，种植层可以设计厚些，选择的植物也可相应广些。从安全方面讲，选择栽培介质的密度时，不仅要了解材料的干密度，更要测定材料吸足水后的湿密度，以作为绿化设计荷载的参考依据。

为了兼顾种植土层既有较大的持水量，又有较好的排水透气性，除了要注意材料本身的吸水性能外，还要注意材料粒径的大小。目前一般选用泥炭、腐叶土、发酵过的醋渣，以及粒径为5～20mm的绿保石、蛭石、珍珠岩、聚苯乙烯珠粒等材料，按一定的比例配置而成。

从房屋屋顶的结构和安全的角度考虑，种植土壤的重量不能超过150kg/m^2。一般人工合成的介质土比例为：泥炭30%，珍珠岩或绿保石、蛭石40%，聚苯乙烯珠粒10%，腐叶土或草炭20%。其厚度可依据种植物的类别去确定。种植草皮的厚度为250mm，灌木为500mm，乔木在600mm以上。

二、屋顶绿化植物的选择

对屋顶绿化植物的选择要有系统性，克服随意性。要运用园林"美学"统一规划，以植物造景为主，尽量丰富绿色植物种类。同时在植物的选择上不要单纯为观赏，要模拟自然，选择的园林植物抗逆性、抗污性和吸污性要强，易栽易活易管护。

屋顶高低交错时，低层顶面的绿化，多采用大叶黄杨、紫叶小檗、金叶女贞等观叶植物或整齐、艳丽的各色草花配以草坪构成图案，俯视效果好。也可采用盆栽花卉，根据其盛花期随时更换，并可在楼的边缘处摆放悬垂植物，兼顾墙体绿化。

屋顶大面积绿化的植物应以阳性喜光、耐寒、抗旱、抗风力强的为主。小乔木类有：龙柏、石榴、桃树、棕榈等。花灌木类有：梅花、月季、牡丹、榆叶梅、夹竹桃、迎春、小叶女贞、铁树等。

三、屋顶的绿化方式

1. 屋顶植物造景方式

(1)乔灌木的丛植、孤植：植株较小的观赏乔木以及灌木、藤木，其种植形式要讲究，以丛植、孤植为主。丛植就是将多种乔灌木种在一起，通过树种不同及高矮错落的搭配，利用其形态和季相变化，形成富于变化的造型，表达某一意境。孤植则是将具有较好的观赏性，花期较长且花色俱佳的小乔木，如海棠、腊梅、石榴等，单独种植在人们视线集中的地方。图 7-9 就是孤植的石榴树。

图 7-9　孤植的石榴树

(2)花坛、花台设计：在屋顶上建花坛，一般采用方形、圆形、长方形、菱形、梅花形均可。可采用单独或连续带状，也可用成群组合类型。所用花草要经常保持鲜艳的色彩与整齐的轮廓。多选用植株低矮、株形紧凑、开花繁茂、色系丰富、花期较长的种类。而花台，是将花卉栽植于高出屋顶平面的台座上，类似花坛但面积较小。也可将花台布置成“盆景式”，如图 7-10 所示。

图 7-10　花台式绿化

2. 屋顶绿化方式

(1)棚架式。这种方式一般用于上人屋面，棚架高度在 2m 左右，人们可在棚架下休憩赏花、乘凉。棚架式植物可选用葡萄、瓜蒌、丝瓜等。另外还可把棚架上的枝条引到屋顶以外的空间或垂下，形成不同层次的绿化效果，如图7-11所示。

图7-11　屋顶棚架式

(2)苗圃式。这种方式是农业生产通用方式在屋顶上的延伸。它可在花坛中种植花卉、药材、苗木，以及季节性蔬菜，除了美化环境外，还可具有一定的经济收入。

(3)自由摆放式。这种方式灵活多变，它是将盆栽植物自由地摆放在屋顶上，达到绿化效果。

参考书目

[1] 刘宗群,黎明编著．绿色住宅绿化环境技术[M]．北京:化学工业出版社,2008。

[2] 刘灿生主编．给水排水工程施工手册[M]．北京:中国建筑工业出版社,2003。

[3] 朱成主编．建筑给水排水及采暖工程施工质量验收规范应用图解[M]．北京:机械工业出版社,2009。

[4] 王君一,徐任学主编．太阳能利用技术[M]．北京:金盾出版社,2008。

[5] 叶齐茂编著．村庄整治技术规范图解手册[M]．北京:中国建筑工业出版社,2009。

[6] 看图学施工丛书编写组编．看图学建筑电气工程施工[M]．北京化学工业出版社,2010。

[7] 郭继业主编．省柴节煤灶炕[M]．北京:中国农业出版社,2006。

[8] 王俊起主编．农村户厕改造[M]．北京:中国建筑工业出版社,2010。

[9] 丁朝华等编著．城镇绿化建设与管理[M]．北京:金盾出版社,2003。